W0263171

WERKSTATTBÜCHER

FÜR BETRIEBSBEAMTE, KONSTRUKTEURE UND FACHARBEITER
HERAUSGEGEBEN VON DR.-ING. H. HAAKE, HAMBURG

Jedes Heft 50—70 Seiten stark, mit zahlreichen Textabbildungen

---

Die Werkstattbücher behandeln das Gesamtgebiet der Werkstatts-technik in kurzen selbständigen Einzeldarstellungen; anerkannte Fachleute und tüchtige Praktiker bieten hier das Beste aus ihrem Arbeitsfeld, um ihre Fachgenossen schnell und gründlich in die Betriebspraxis einzuführen.

Die Werkstattbücher stehen wissenschaftlich und betriebstechnisch auf der Höhe, sind dabei aber im besten Sinne gemeinverständlich, so daß alle im Betrieb und auch im Büro Tätigen, vom vorwärtsstrebenden Facharbeiter bis zum leitenden Ingenieur, Nutzen aus ihnen ziehen können.

Indem die Sammlung so den Einzelnen zu fördern sucht, wird sie dem Betrieb als Ganzem nutzen und damit auch der deutschen technischen Arbeit im Wettbewerb der Völker.

Einteilung der bisher erschienenen Hefte nach Fachgebieten

I. Werkstoffe, Hilfsstoffe, Hilfsverfahren

Heft

Der Grauguß. 3. Aufl. Von Chr. Gilles (Im Druck) 19
Einwandfreier Formguß. 2. Aufl. Von E. Kothny 30
Stahl- und Temperguß. 2. Aufl. Von E. Kothny 24
Die Baustähle für den Maschinen- und Fahrzeugbau. Von K. Krekeler 75
Die Werkzeugstähle. Von H. Herbers 50
Nichteisenmetalle I (Kupfer, Messing, Bronze, Rotguß). 2. Aufl. Von R. Hinzmann ... 45
Nichteisenmetalle II (Leichtmetalle). 2. Aufl. Von R. Hinzmann 53
Härten und Vergüten des Stahles. 5. Aufl. Von H. Herbers 7
Die Praxis der Warmbehandlung des Stahles. 5. Aufl. Von P. Klostermann 8
Elektrowärme in der Eisen- und Metallindustrie. Von O. Wundram 69
Brennhärten. 2. Aufl. Von H. W. Grönegreß 89
Die Brennstoffe. Von E. Kothny 32
Öl im Betrieb. 2. Aufl. Von K. Krekeler 48
Farbspritzen. Von R. Klose 49
Rezepte für die Werkstatt. 5. Aufl. Von F. Spitzer 9
Furniere—Sperrholz—Schichtholz I. Von J. Bittner 76
Furniere—Sperrholz—Schichtholz II. Von L. Klotz 77

II. Spangebende Formung

Die Zerspanbarkeit der Werkstoffe. 3. Aufl. Von K. Krekeler 61
Hartmetalle in der Werkstatt. Von F. W. Leier 62
Gewindeschneiden. 5. Aufl. Von O. M. Müller 1
Wechselräderberechnung für Drehbänke. 6. Aufl. Von E. Mayer (Im Druck) 4
Bohren. 4. Aufl. Von J. Dinnebier 15
Senken und Reiben. 4. Aufl. Von J. Dinnebier (Im Druck) 16
Innenräumen. 3. Aufl. Von L. Knoll und A. Schatz, (Im Druck) 26

(Fortsetzung 3. Umschlagseite)

WERKSTATTBÜCHER

FÜR BETRIEBSBEAMTE, KONSTRUKTEURE UND FACH-
ARBEITER. HERAUSGEBER DR.-ING. H. HAAKE, HAMBURG

HEFT 79

Maschinelle Handwerkzeuge

Von

H. Graf
Baurat, Berlin

Zweite Auflage
(7. bis 12. Tausend)

Mit 124 Abbildungen
und 6 Tabellen im Text

Springer-Verlag
Berlin/Göttingen/Heidelberg
1950

Inhaltsverzeichnis.

Seite

Einleitung **3**

I. Elektromotorisch angetriebene Handwerkzeuge **3**

    A. Stromart und Motoren **3**

       1. Allgemeines S. 3. — 2. Gleichstrommaschinen S. 3. — 3. Die Universal-Elektrowerkzeuge (Allstrommaschinen) S. 4. — 4. Drehstrom-Elektrowerkzeuge S. 4. — 5. Schnellfrequenzmotoren S. 5. — 6. Erzeugung der erhöhten Frequenz S. 7.

    B. Universal-Elektrowerkzeuge **8**

       7. Grundsätzliches über Bauart und Verwendung S. 8. — 8. Der Allstrommotor S. 9. — 9. Der Aufbau des Getriebes S. 11. — 10. Die Anforderungen der Praxis an die Universal-Elektrowerkzeuge S. 14. — 11. Pflege der Elektrowerkzeuge S. 15. — 12. Zubehör und Werkzeuge S. 15.

    C. Anwendungsgebiete der Universal-Elektrowerkzeuge **16**

       13. Die Anwendungsmöglichkeiten S. 16. — 14. Die Bohrmaschinen im Betrieb S. 17. — 15. Verwendung von Handmotoren und Schraubern S. 18. — 16. Schleifer in der Werkzeugmacherei S. 21. — 17. Elektrowerkzeuge in Autowerkstätten S. 23. — 18. Poliergeräte S. 25. — 19. Blechscheren S. 25. — 20. Elektro-Blechstichsägen S. 27.

    D. Schnellfrequenzwerkzeuge **28**

       21. Wirtschaftliche Verwendung S. 28. — 22. Aufbau S. 28. — 23. Der Schnellfrequenzhandmotor S. 29. — 24. Bohrmaschinen S. 29. — 25. Schnellfrequenzschleifer, Polierer, Scheren S. 30. — 26. Schnellfrequenzschrauber S. 31. — 27. Schnellfrequenz-Stehbolzenschrauber und Gewindeschneider S. 33. — 28. Schlußbemerkungen S. 33.

    E. Elektrohämmer **34**

       29. Allgemeines S. 34. — 30. Elektromechanische Hämmer S. 35. — 31. Elektromagnetische Hämmer S. 36. — 32. Anwendungsgebiete der Elektrohämmer S. 37.

II. Preßluftwerkzeuge **39**

    A. Preßluftanlagen **39**

       33. Die Erzeugung der Druckluft S. 39. — 34. Die Planung von Preßluftanlagen S. 40. — 35. Leistungsbedarf S. 42. — 36. Regelung S. 43. — 37. Die Rohrleitungen für Druckluft S. 44.

    B. Preßluftwerkzeuge **45**

       38. Bauart der Preßluftwerkzeuge S. 45. — 39. Schlagwerkzeuge S. 46. — 40. Beispiele von Schlagwerkzeugen S. 48. — 41. Preßluftwerkzeuge mit Drehbewegung S. 50. — 42. Strahlapparate S. 54. — 43. Wartung und Instandhaltung S. 54. — 44. Luftverbrauchs- und Leistungsprüfung S. 55.

    C. Die wichtigsten Vor- und Nachteile der Elektro- und Preßluftwerkzeuge . . **56**

       45. Vergleichsgrundlagen S. 56. — 46. Elektrowerkzeuge S. 56. — 47. Preßluftwerkzeuge S. 56.

III. Mechanisch angetriebene maschinelle Handwerkzeuge **57**

       48. Die biegsamen Wellen S. 57. — 49. Die günstigsten Drehzahlen S. 58. — 50. Das Handstück S. 58. — 51. Der Antrieb S. 58. — 52. Die Pflege und Wartung S. 59. — 53. Werkzeuge mit hin- und hergehender Arbeitsbewegung S. 60. — 54. Die Anwendungsmöglichkeiten S. 60.

Anmerkung: Bei den Abbildungen sind der Kürze wegen die vollständigen Namen der ausführenden Firmen nur einmal angegeben. Bei den Wiederholungen sind Abkürzungen gewählt, wie z. B. Robert Bosch G.m.b.H. Stuttgart = Bosch, usw.

ISBN-13: 978-3-540-01517-8   e-ISBN-13: 978-3-642-87415-4

DOI: 10.1007/978-3-642-87415-4

Einleitung.

Maschinelle Handwerkzeuge sind ortsbewegliche Werkzeuge, deren Arbeitsleistung durch unmittelbare elektromotorische, pneumatische oder mechanische Kraftübertragung erfolgt. Die Anpressung an das zu bearbeitende Werkstück und die Lenkung in der gewünschten Arbeitsrichtung geschieht jedoch meist von Hand, also durch menschliche Kraft. Die Vorzüge des einfachen und leichten Handwerkzeuges sind also mit der größeren Leistungsfähigkeit einer Kraftmaschine verbunden. Die Vorteile, die sich aus dieser Verbindung erreichen lassen, ergeben zusammengefaßt eine Steigerung der Leistung des Einzelnen und damit der Wirtschaftlichkeit des Gesamtbetriebes.

Die Entwicklung der Technik in den letzten Jahren, besonders auf dem Gebiete der wirtschaftlichen Fertigung, hat der Verwendung von maschinellen Handwerkzeugen einen ungeahnten Aufschwung gegeben. In allen Betrieben der metall-, holz- und steinverarbeitenden Industrie, am Fließband und in den Ausbesserungswerkstätten bietet die Verwendung der maschinellen Handwerkzeuge große Vorteile. Daß jede zeitsparende Einrichtung mithilft, dem Mangel an gelernten Fachkräften zu steuern, sei hier besonders hervorgehoben. Das vorliegende Heft der Werkstattbücher soll eine Übersicht über den Aufbau, die Leistung und die Anwendungsgebiete dieser Handwerkzeuge geben und dem Betriebsmann und Facharbeiter die Auswahl der maschinellen Handwerkzeuge für seinen Sonderzweck erleichtern. Da es nicht möglich und auch nicht erforderlich ist, im Rahmen dieses Heftes alle Konstruktionen der verschiedenen Werkzeughersteller zu behandeln, so wird nur der grundsätzliche Aufbau beschrieben. Die vielen Skizzen und Bilder werden den Aufbau und die vielseitigen Verwendungsmöglichkeiten dieser Werkzeuge besser und leichter veranschaulichen als Worte.

I. Elektromotorisch angetriebene Handwerkzeuge.

A. Stromart und Motoren.

1. Allgemeines. Als Antrieb für Elektrowerkzeuge können verwendet werden:
Gleichstrommotoren,
Allstrommotoren (Universalmotoren) und schließlich
Drehstrommotoren.
Letztere müssen allerdings noch unterteilt werden in Drehstrommotoren, die mit Normalfrequenz (50 Per/s) und solche, die mit erhöhter Frequenz (150 bzw. 200 Per/s) betrieben werden. Für kleinere Leistungen bis etwa 350 Watt beherrscht bei weniger stark gebrauchten und beanspruchten Werkzeugen (nicht im rauhen Fertigungsbetrieb) der Allstrommotor, der an Gleich- und Wechselstrom angeschlossen werden kann, das Feld. In allen anderen Fällen wird vorteilhaft der Schnellfrequenzmotor[1] verwendet.

2. Gleichstrommaschinen. Die elektrische Kraftversorgung geschieht in steigendem Maße durch Drehstrom. Dadurch gehen den Gleichstrom-Elektrowerkzeugen große Anwendungsgebiete verloren. Es soll aus diesem Grunde hier nur ganz kurz auf reine Gleichstrom-Elektrowerkzeuge eingegangen werden, die zumeist mit Hauptstrommotoren ausgerüstet sind. Diese bieten gegenüber den Nebenschlußmotoren wegen ihrer höheren Leistungsfähigkeit und besseren Anlaufeigenschaften gewisse Vorteile. Schaltbild und Kennlinien für

---

[1] Bezeichnung „Schnellfrequenz" ist hier richtiger als die vielfach gebräuchliche Benennung „Hochfrequenz", die in Fernmeldetechnik und Elektrowärmetechnik bereits für wesentlich höhere Frequenzen verwendet wird. Vgl. Werkstattbuch „Hohe Drehzahlen durch Schnellfrequenzantrieb"

beide Antriebsarten sind in Abb. 1 dargestellt. Bei den Hauptstrommaschinen fällt die Drehzahl bei steigendem Drehmoment ab, sie paßt sich also innerhalb gewisser Grenzen selbsttätig der Belastung (d. h. z. B. dem Bohrerdurchmesser) an.

Dies ist in solchen Fällen, in denen eine einzige Bohrmaschine für möglichst viele Bohrerdurchmesser verwendet werden soll (z. B. beim Handwerker) von Vorteil. Mit der abfallenden Drehzahl wird auch die Spanleistung bei erhöhtem Drehmoment kleiner. Dabei kann die Stromstärke auf den 5···8fachen Betrag ansteigen. Bei derart starker Überlastung entstehen nicht selten Wicklungs- und Schalterbeschädigungen und damit Betriebsausfälle. Auch der mechanische Teil

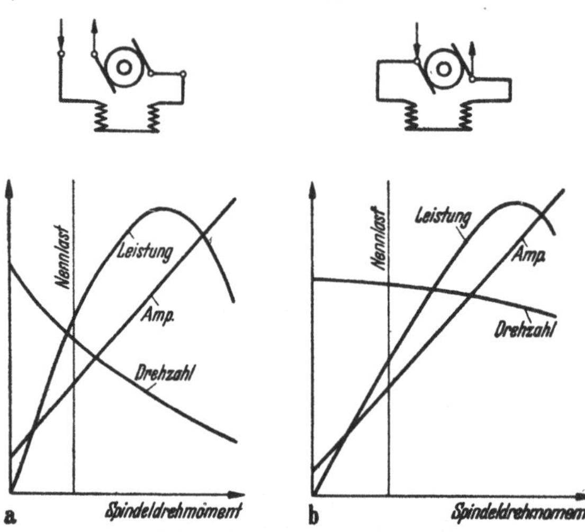

Abb. 1. Schaltbild und Kennlinien für Gleichstrommotoren.
a = Hauptstrommaschinen; b = Nebenschlußmaschinen.

der Maschine kann dabei zerstört werden. Bei Schleifmaschinen und Polierern dagegen soll die Drehzahl von Leerlauf bis Vollast möglichst gleichbleiben, um eine genügende Schleifleistung zu erzielen. Man verwendet deshalb hierfür zweckmäßig Nebenschlußmotoren. Die meisten maschinellen Handwerkzeuge kleinerer Leistung werden von den Herstellerfirmen sowohl mit reinen Gleichstrom-, als auch mit Allstrom und Drehstrommotoren geliefert.

3. **Die Universal-Elektrowerkzeuge (Allstrommaschinen)** sind ausnahmslos mit Hauptstrommotoren ausgerüstet. Sie unterscheiden sich von den reinen Gleichstrommaschinen nur durch das lamellierte Ständerpaket, das wegen der Verluste bei Wechselstrom notwendig ist. Die Maschinen, die im zweiten Abschnitt eingehend beschrieben sind, arbeiten mit Gleich- und Wechselstrom praktisch gleich gut. Beide Maschinenarten (Gleichstrom- und Allstrommaschinen) werden schon bei etwas größeren Leistungen schwer und unhandlich. Auch ist der Motor für Dauer- und stoßweise Beanspruchung zu empfindlich. Bei größeren maschinellen Handwerkzeugen wird meist mit besonderen, gewichtsausgleichenden Vorrichtungen gearbeitet. Diese federnden oder gewichtentlastenden Aufhängungen bringen wohl eine gewisse Besserung. Die zu bewegende Masse der Maschine ist jedoch in jedem Fall vorhanden. Aus diesen Gründen werden Allstrom-Elektrowerkzeuge im allgemeinen nur für eine Abgabeleistung bis 350 Watt gebaut.

4. **Drehstrom-Elektrowerkzeuge** besitzen Motoren mit Kurzschlußläufer (Asynchronmotoren). Der Ständer dieser Motoren, der in einem Motorgehäuse ruht, besteht aus einem lamellierten Blechpaket. Die nicht umlaufende Wicklung ist sehr gut isoliert und ermöglicht wegen ihrer großen Oberfläche beste Kühlung. Der Läufer besteht aus einem auf die Welle gepreßten Blechpaket, in dessen Nuten blanke

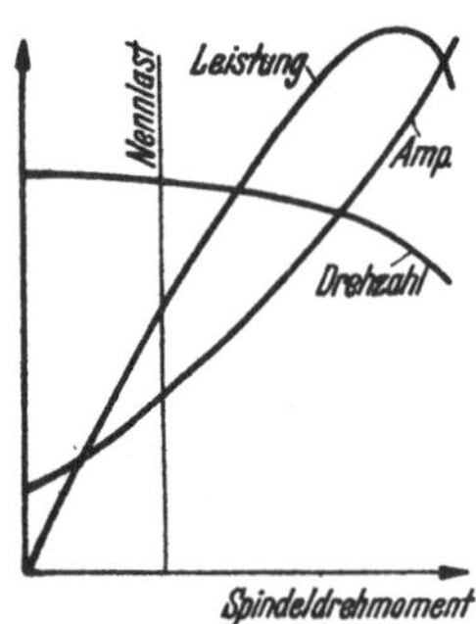

Abb. 2. Kennlinien einer Drehstrommmaschine.

Kupferstäbe liegen. Diese sind an den Stirnseiten des Käfigs in Kupferringe eingelötet, so daß der Läufer ein festes unzerstörbares Ganzes bildet. Zweckmäßig wird er mit schrägen Nuten versehen, um gute Anlaufeigenschaften und eine weitgehende Verminderung des bei hoher Drehzahl auftretenden Heulens zu erhalten. Abb. 2 zeigt die Kennlinien einer Drehstrommaschine. Wenn die Ständerwicklung an ein Drehstromnetz angeschlossen wird, so bildet sich im Ständerpaket ein magnetisches Feld aus, welches je nach Anordnung der Wicklung ein oder mehrere Polpaare hat. Die Kraftlinien dieses Feldes treten vom Ständer aus durch den Luftspalt in den Läufer, durchsetzen diesen, treten aus dem Läufer durch den Luftspalt zurück in den Ständer und schließen sich hier. Das magnetische Feld des Drehstrommotors hat durch die Anordnung der Wicklung die Eigenschaft, im Motor umzulaufen. Es ist ein Drehfeld, seine Drehzahl hängt ab von der Polzahl und der Frequenz. Dieses umlaufende Magnetfeld nimmt den Läufer mit.

Besitzt der Motor 1 Polpaar, ist er also 2 polig und beträgt die Frequenz 50 Per/s, so macht das Drehfeld 50 U/s. Bei 2 bzw. 3 Polpaaren (4- oder 6 polig) macht es $50/2 = 25$ bzw. $50/3 = 16^2/_3$ U/s. Bei 150 bzw. 200 Per/s und einem Polpaar beträgt die Drehzahl des Drehfeldes 150 bzw. 200 U/s. Die Kraftlinien schneiden bei ihrem Umlauf die Stäbe des Läufers und induzieren in ihnen eine Spannung. Diese Spannung hat einen Strom zur Folge, der in Wechselwirkung mit dem Drehfeld (Fluß) ein Drehmoment erzeugt. Der Motor läuft an. Seine Drehzahl steigt so lange, bis ein Gleichgewichtszustand erreicht ist: die in den Stäben erzeugte Spannung wird mit zunehmender Drehzahl immer kleiner, weil der Geschwindigkeitsunterschied zwischen Drehfeld und Anker und damit die Zahl der geschnittenen Kraftlinien auch immer kleiner wird und bei Gleichlauf von Drehfeld und Anker $= 0$ wäre. Im Gleichgewichtszustand ruft der Drehzahlabfall gerade noch den Strom hervor, der zur Erzeugung des äußeren, vom Motor verlangten Drehmomentes nötig ist. Bei Leerlauf ist das äußere Drehmoment sehr klein (Luft- + Lagerreibung), so daß die Leerlaufdrehzahl des Motors der Drehzahl des Drehfeldes sehr nahe kommt. Der leerlaufende 2 polige Motor macht also bei 50 Per/s annähernd 50 U/s $= 3000$ U/min, was sich aus folgender für Drehstrommotoren allgemeingültigen Beziehung ergibt:

$$n = 60\,f/p\,,\ \text{worin}$$

$n =$ Drehzahl (U/min),
$f =$ Frequenz (Per/s) $= 50$,
$p =$ Anzahl der Polpaare, deren kleinstmögliche Zahl $= 1$ ist.

Der Drehstrommotor entwickelt beim Anlauf ein Drehmoment, welches etwa doppelt so groß ist wie das Nenndrehmoment. Dabei ist der Anlaufstrom etwa $5 \cdots 7$ mal so groß wie der Nennstrom. Da gewöhnliche Drehstrommotoren im Verhältnis zur abgegebenen Leistung für Elektrowerkzeuge zu schwer und in ihren Außenabmessungen zu groß werden, eine Gewichtsverminderung aber nur durch Erhöhung der Drehzahl erreicht werden kann, so bietet der übliche, mit 50 Per/s betriebene Asynchronmotor keine Möglichkeit zur Erreichung eines kleineren Gewichtes. Da er jedoch dem Gleich- und Allstrommotor durch die geringere Empfindlichkeit und die besseren elektrischen Eigenschaften überlegen ist, so ist verständlich, daß nach einer Möglichkeit gesucht wurde, den einfachen, sehr robusten und betriebssicheren Drehstrommotor auch für Elektrowerkzeuge brauchbar zu machen.

5. Schnellfrequenzmotoren. Man ging davon aus, daß die Leistung eines Motors dem Produkt aus Drehzahl und Drehmoment verhältnisgleich ist. Da beim Drehstrommotor das Drehmoment im wesentlichen durch die Abmessungen der Blechpakete von Läufer und Ständer gegeben ist, hängt also seine Leistung in erster Linie von der Drehzahl ab. Die Drehzahl der 2 poligen Maschine beträgt bei 50 Per/s, wie oben gezeigt wurde, 3000 U/min und da eine Maschine mit weniger als zwei Polen nicht möglich ist, so ist diese Drehzahl die größte bei 50 Per/s erreichbare. Die Drehzahl und damit die Leistung kann also nur gesteigert werden durch Frequenzerhöhung, und dieser Weg ist bei den Schnellfrequenzwerkzeugen beschritten worden. In besonderen Umformern wird die Netzfrequenz von 50 Per/s auf 150 bzw. 200 Per/s erhöht. Bei diesen Frequenzen leistet ein Motor bestimmter Größe infolge der drei- bzw. vierfachen Drehzahl das drei- bzw. vierfache desjenigen, was er bei 50 Per/s leisten würde. Je Gewichtseinheit verhält sich also die Leistung wie die Frequenz.

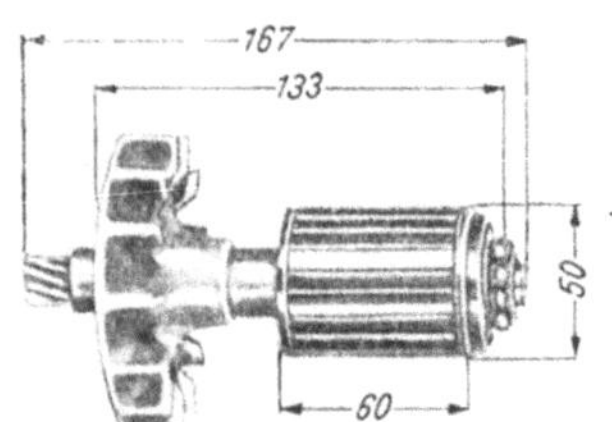

Daraus ergibt sich, daß das Gewicht und der

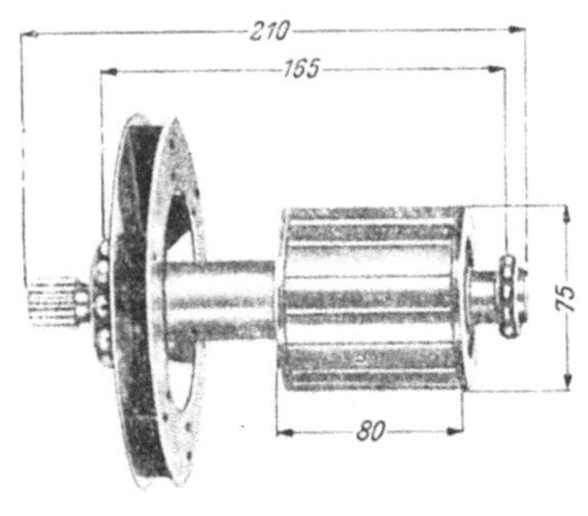

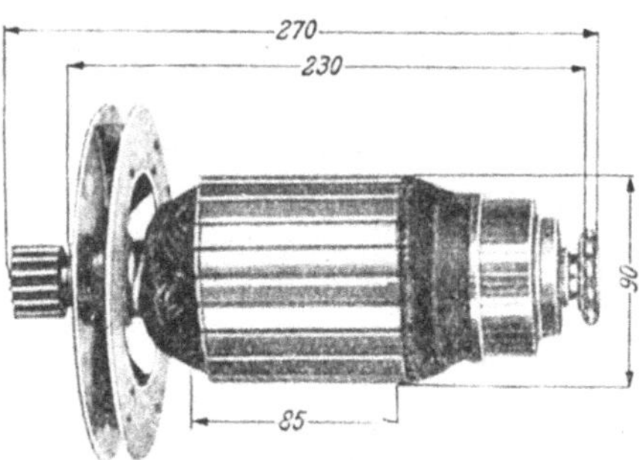

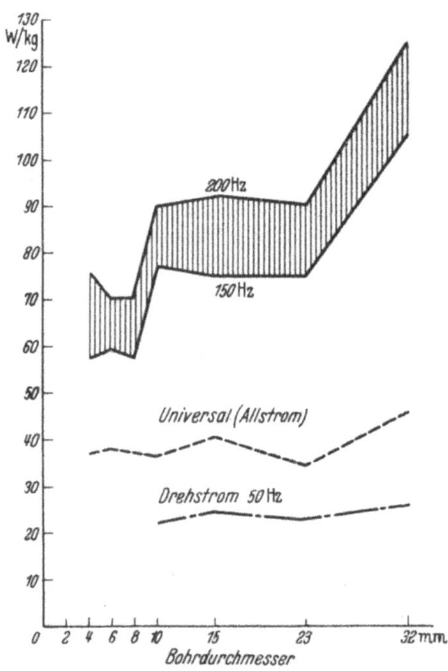

Abb. 3. Vergleich zwischen Schnellfrequenz-, Normalfrequenz- und Allstromläufern gleicher Leistung. Maße in mm (Robert Bosch G.m.b.H., Stuttgart).

Abb. 4. Leistung/Gewicht abhängig vom Bohrdurchmesser.

Raumbedarf eines Motors bestimmter Leistung für 150 bzw. 200 Per/s nur $^1/_3$ bzw. $^1/_4$ desjenigen eines Motors für 50 Per/s beträgt. In Abb. 3 sind die Läufergewichte und Abmessungen der verschiedenen Elektromotoren gleicher Leistung gegenübergestellt. Die Bedeutung dieser Tatsache für die maschinellen Handwerkzeuge liegt darin, daß der kleinere Motor an sich das Gesamtgewicht des Werkzeuges vermindert und ein kleineres und leichteres Getriebe ermöglicht. Die kleinen Abmessungen führen bei mäßigem Aufwand zu sehr starren Konstruktionen. Es ergeben sich etwa 80···120 Watt/kg Maschinengewicht gegenüber ungefähr 30···40 Watt/kg bei Allstrom- und Gleichstrom-Elektrowerkzeugen.

Abb. 4 gibt eine Übersicht der Leistung im Verhältnis zum Gewicht der Bohrmaschinen. Die Arbeitsdrehzahlen sind bis zu 100% höher als bei gewöhnlichen Elektrowerkzeugen, soweit eine Steigerung der Arbeitsdrehzahl mit Rücksicht auf die zulässige Schnittgeschwindigkeit möglich ist. Man erhält bei Schnellfrequenzwerkzeugen eine höhere Durchzugskraft und durch die höhere Wattabgabe und Drehzahl die volle Ausnützung der zulässigen Werte für Schnittgeschwindigkeit und Vorschub neuzeitlicher Schnellstahlwerkzeuge. Die Arbeitsdrehzahl ist unabhängig von der Belastung praktisch gleichbleibend und demzufolge die Spanleistung sehr hoch (Abb. 5). Der einfache Aufbau und die große Leistungsreserve gewährleisten große Betriebssicherheit. Selbsttätiger Über-lastungsschutz und eine sorgfältige Erdung durch Ausbildung des Steckeranschlusses mit Erdleiter ermöglichen eine völlig gefahrlose Bedienung auch durch ungeschulte Kräfte.

Die Spannung des Schnellfrequenznetzes gegen Erde, d. h. die Gefahrenspannung be-trägt nur etwas mehr als die Hälfte der Be-triebsspannung. Der weitgehend geräusch- und erschütterungsfreie Betrieb und das dadurch bedingte angenehme Arbeiten ist ein weiterer Vorteil der Schnellfrequenzwerk-zeuge.

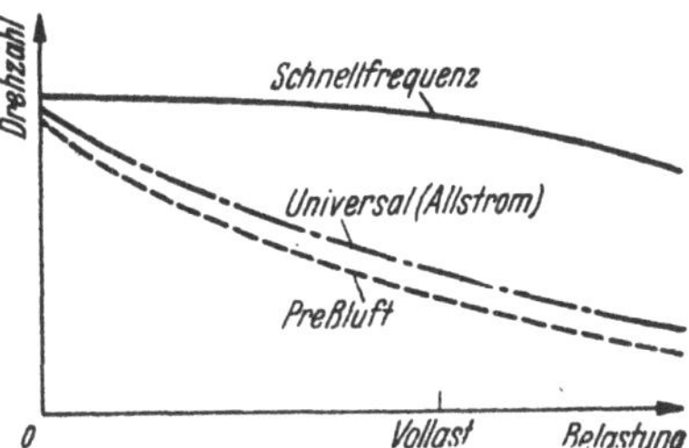

Abb. 5. Die Drehzahl der Schnellfrequenz-werkzeuge ist — unabhängig von der Be-lastung — gleichbleibend hoch. Ein Vorzug, der besonders die Schleifarbeit beschleunigt und verbessert (Bosch).

6. Zur Erzeugung der erhöhten Frequenz sind, wie schon angedeutet, besondere Umformer erforderlich. Je nach der primärseitig zur Verfügung stehenden Strom-art kommen hierfür Frequenzwandler oder Einankerumformer in Frage. Auf den ersten Blick erscheint die Notwendigkeit des Einsatzes eines Umformers und die Verlegung eines besonderen Leitungsnetzes als Nachteil. An Hand eingehender Wirtschaftlichkeitsrechnungen und Vergleichsversuche läßt sich jedoch leicht nach-weisen, daß sich trotz der höheren Anschaffungskosten die Schnellfrequenzanlage nach kürzester Zeit bezahlt macht. Der Frequenzwandler wird dort angewandt, wo primär Drehstrom oder Zweiphasenstrom zur Verfügung steht. Er besteht aus einem Asynchronmotor mit Kurzschlußläufer und einem Asynchrongenerator. Beide Maschinen können entweder selbständige Einheiten sein, die auf gemein-samer Grundplatte miteinander gekuppelt sind, oder sie können in einem Gehäuse zusammengebaut sein. Der Asynchrongenerator als eigentlicher Umformer ent-spricht in seinem Aufbau fast genau einem Drehstrom- bzw. Zweiphasenwechsel-strommotor mit Schleifringläufer. Dieser Läufer hat bei Drehstrom einen 4. Schleif-ring, der zur Erdung des Wicklungsnullpunktes dient.

Die Erhöhung der Frequenz bei Drehstrom von z. B. 50 Per/s auf 150 Per/s geht folgendermaßen vor sich:

Der Ständer des 4 poligen Generators liegt am 50-Periodennetz. Er erzeugt durch seine Wicklungsanordnung ein Drehfeld, welches entsprechend der Polzahl mit 1500 U/min umläuft. In dem zunächst stillstehenden Läufer wird hierdurch ähnlich wie in einem gewöhnlichen Spannungswandler eine Drehspannung von 50 Per/s erzeugt. Treibt man den Läufer mittels des gekuppelten 2 poligen Motors dem Drehfeld entgegen an, so ist die Relativgeschwindigkeit des Läufers gegen das Drehfeld

$$1500 + 3000 = 4500 = 3 \times 1500 \text{ U/min} .$$

Da jetzt die Magnetpole des Drehfeldes 3 mal so schnell an den Läuferdrähten vorbei-laufen als bei Stillstand des Läufers, so wird auch die darin erzeugte Frequenz 3 mal so groß. Sie beträgt also $3 \times 50 = 150$ Per/s. Bei Belastung wird die Frequenz durch den Schlupf des Gerätes etwas kleiner. Der Unterschied beträgt jedoch höchstens 3%.

Verwendet man statt des 4poligen einen 6poligen Generator, so ergibt sich als Leerlaufdrehzahl $1000 + 3000 = 4000 = 4 \times 1000$ U/min. und damit eine Sekundärfrequenz von $4 \times 50 = 200$ Per/s. Ständer und Läufer des Genera-tors besitzen voneinander unabhängige Wicklungen. Es hängt also die Sekundärspannung nicht von der Primärspannung ab und ein Fehler im Primärnetz wird nicht auf das Sekundärnetz übertragen. Die Kenntnis dieser Tatsache ist außerordentlich wichtig. Die Sekundärwicklung z. B. ist so bemessen, daß sie bei Vollast und 150 Per/s 200 Volt liefert. Dabei wird die Gefahrenspannung, das ist die Spannung, welche bei einem Fehler in irgendeinem Anlageteil auftreten kann, durch den vierten, geerdeten Schleifring auf etwa $200/\sqrt{3} = 114$ Volt (Spannung gegen Erde) herabgesetzt (vgl. Abschn. 23).

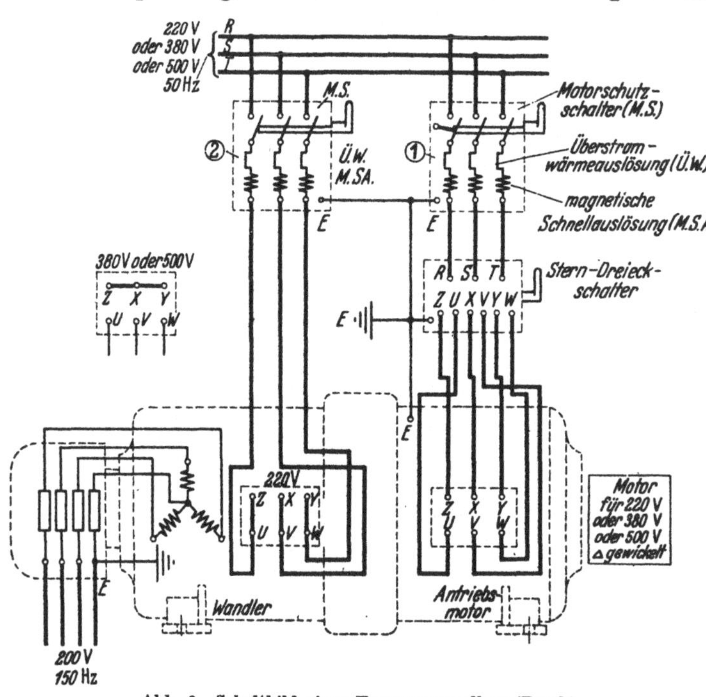

Abb. 6. Schaltbild eines Frequenzwandlers (Bosch).

Kleinere Frequenzwandler werden mittels eines 3 poligen Motorschutzschalters mit thermischer und magnetischer Auslösung eingeschaltet. Wenn die Primäranlage genügend groß ist, können auch große Wandler auf diese Weise eingeschaltet werden, andernfalls sind, um den Einschaltstoß weitgehend zu vermindern, Sterndreieckschalter zu verwenden. Es empfiehlt sich dabei immer, den Generator getrennt vom Motor zu schalten (Schaltbild Abb. 6). Steht primärseitig Gleichstrom zur Verfügung, so muß ein Einankerumformer benutzt werden. Dieser ist eine Gleichstrom-Nebenschluß-maschine, deren Anker außer dem Kommutator noch drei Schleifringe trägt. Die Schleifringe sind an regelmäßig (im Abstand von 120°) am Ankerumfang verteilten Wicklungselementen angeschlossen. Bei geeigneter Ankerdrehzahl kann ein Drehstrom von 150 bzw. 200 Per/s entnommen werden. Da dieselbe Wicklung, welcher der Gleichstrom zugeführt wird, den Drehstrom liefert, so stehen beide Spannungen in einem festen Verhältnis zueinander, und zwar beträgt die Drehspannung etwa 60% der Gleichspannung. Das ergibt bei 220 Volt Gleichstrom 130 Volt Drehstrom.

Der Umformer wird mit einem Gleichstromanlasser angelassen. — Die Größe des Umformers richtet sich nach der Zahl und der Leistung der gleichzeitig im Betrieb befindlichen Werkzeuge. Er wird mit Rücksicht auf Erweiterungen zweckmäßig etwas größer gewählt. Zum Betrieb der Schnellfrequenzmaschinen ist außer dem Umformer nebst Anlaß- und Schutzgeräten ein besonderes Leitungsnetz erforderlich.

B. Universal-Elektrowerkzeuge.

7. Grundsätzliches über Bauart und Verwendung. In diesem Abschnitt sollen Werkzeuge behandelt werden, die mit einem Allstrommotor ausgerüstet sind. Die

Bezeichnung „Universal-Elektrowerkzeuge" ist nicht nur auf die universelle Anschlußmöglichkeit an jeder beliebigen Steckdose der Lichtleitung zurückzuführen, sondern vor allem auch auf die universelle Verwendung in Industrie und Handwerk.

Wo also elektrisches Licht verlegt ist, sei es Gleich- oder Wechselstrom, läßt sich das Werkzeug anschließen: in der Werkstatt, in der Garage, auf dem Bau, auf Montagestellen, im Hof und auch im Haushalt.

Die vielseitige Verwendung der Werkzeuge geht schon allein aus der großen Zahl der einzelnen Typen hervor, dann aber auch aus der sehr mannigfaltigen Art der Einsatzwerkzeuge für alle nur möglichen Arbeiten.

Elektrowerkzeuge mit Allstrommotor werden im allgemeinen für 110 und 220 Volt gebaut. Natürlich sind auch alle anderen Sonderspannungen erhältlich, so z. B. 42 und 150 Volt.

Die wichtigsten Forderungen, die der Betriebsmann an die maschinellen Handwerkzeuge stellen muß, sind vor allem handliche Abmessungen bei geringem Gewicht und möglichst hoher Leistung sowie größte Betriebssicherheit auch bei rauher Behandlung. Die meisten Universalwerkzeuge bestehen aus drei einzelnen in sich abgeschlossenen Bauteilen, und zwar:

Motor, bestehend aus Anker, Feldwicklung und Gehäuse mit Kohlen,

Schalter mit Anschlußkabel und Stecker,

Getriebe mit Arbeitsspindel bzw. Arbeitskopf.

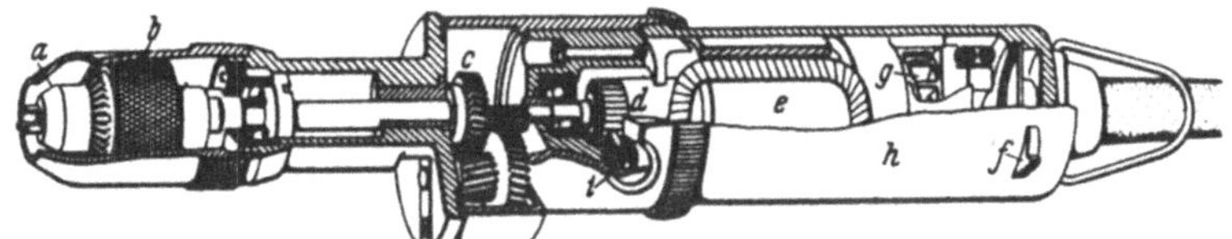

Abb. 7. Handmotor (Bosch).
a = Griffhülse; b = Spannfutter; c = Getriebe; d = Anker; e = Feldwicklung;
f = Momentschalter; g = Lüfter; h = Motorgehäuse; i = Kohlebürsten.

Abb. 8. Klein-Handbohrmaschine (C. & E. Fein, Stuttgart).
a = Spannfutter; b = Lüfter; c = Allstrommotor; d = Kohlebürsten; e = Momentschalter.

Die Abb. 7 und 8 zeigen den grundsätzlichen Aufbau von Universal-Elektrowerkzeugen.

8. **Der Allstrommotor** mit lamellierten Anker und Polschuhen sowie mit Kollektor wird etwa für eine aufzunehmende Leistung von 20 bis 3000 Watt hergestellt. Fast ausschließlich ist der Motor als Hauptstrom-Kollektormotor (vgl. auch Abb. 1, Abschn. 2) ausgebildet, d. h. die Wicklungen von Feld und Anker sind hintereinander geschaltet. Diese Bauart besitzt für ein Lichtleitungswerkzeug die günstigste Leistungskennlinie.

a) Die Drehzahlen liegen im Leerlauf hoch — bei kleineren Werkzeugen etwa bis 28000 U/min — und fallen bei Belastung entsprechend ab. Dadurch können die Maschinen im Verhältnis zu ihrer Leistung sehr klein und leicht gebaut werden. Tabelle 1 gibt für einen Handmotor von 120 Watt Nennleistung eine Übersicht über Drehzahlen und Wirkungsgrad bei verschiedenen Leistungsabgaben, sowohl bei Gleich- als auch bei Wechselstrom. Abb. 9 stellt diese Versuchsergebnisse als Schaubild dar. Besonders hervorgehoben sei hier, daß eine übermäßige Leistungssteigerung bei den Elektrohandwerkzeugen völlig zwecklos ist. Durch die Führung des Werkzeuges von Hand ist

Tabelle 1. Kennzahlen eines Allstrommotors von 120 Watt Nennleistung.

Leistungs-abgabe Watt	Drehzahl		Wirkungsgrad	
	Gleichstrom	Wechsel-strom	Gleichstrom	Wechsel-strom
50	13700	14000	0,23	0,25
100	11650	11680	0,39	0,42
150	10200	9400	0,48	0,48
200	8800	—	0,51	—

nur ein größter Anpressungsdruck von etwa 20···40 kg möglich. Diese Drücke können aber nur sehr kurzzeitig ausgeübt werden, und wenn man bedenkt, daß die Motoren bei Wechselstrom mit etwa 70%, bei Gleichstrom mit etwa 100% kurzzeitig überlastet werden können, ist verständlich, daß gesteigerte Nennleistung nur unnötige Gewichts- und Kostensteigerung verursacht. Das Werkzeug, dessen Leistung seinem Verwendungszweck entspricht, ist das vorteilhafteste.

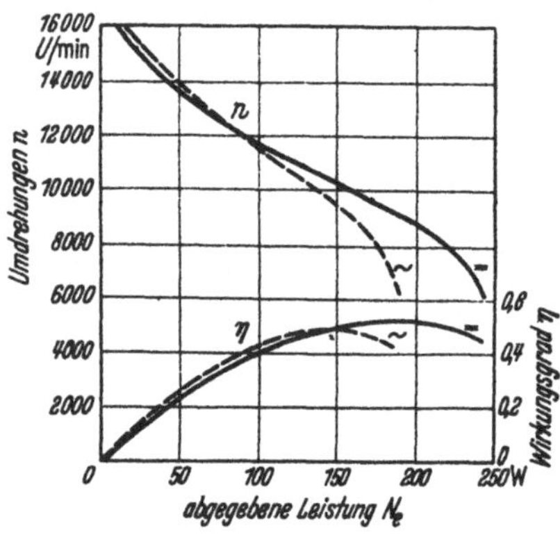

Abb. 9. Drehzahl und Wirkungsgrad eines Allstrommotors für 120 Watt bei Gleich- und Wechselstrom.

b) Kollektor und Kohlen. Beim Allstrommotor erhält der Anker seinen Strom über die Kohlen und den Kollektor. Diese beiden Teile müssen hinsichtlich ihrer Werkstoffe sehr sorgfältig aufeinander abgestimmt sein, denn sonst treten infolge wechselnder Übergangswiderstände Funkenbildungen ein, die eine vorzeitige Abnutzung zur Folge haben. Bei neuzeitlichen, gut durchkonstruierten Motoren sind diese Teile jedoch so unempfindlich und dauerhaft ausgebildet, daß bei einigermaßen sorgfältiger Wartung nur sehr wenige Störungen an dieser Stelle auftreten.

c) Lagerung des Ankers. Die Anker der Allstrommotoren laufen im allgemeinen sehr schnell. Je größer der Motor, um so niedriger wird aus konstruktiven Gründen die Drehzahl gewählt. Ein Motor mit etwa 200 Watt Abgabe läuft mit etwa 18000 U/min. Diese verhältnismäßig hohen Anker-Drehzahlen verlangen naturgemäß eine einwandfreie Lagerung und vor allem ein sorgfältiges Auswuchten der umlaufenden Teile. Bei neueren Maschinen werden daher nur Kugellager verwendet, die auf verschiedene Weise gegen das Eindringen von Staub und Schmutz und gegen Fettverlust geschützt sind. Gerade bei der Lagerung von Ankern mit hoher Drehzahl zeigt sich der Wert einer mechanisch einwandfreien Ausführung. Ist beispielsweise der Anker nicht statisch und dynamisch ausgewuchtet, dann treten sehr harte, dauernd wirkende Laufschwingungen auf, die das beste Kugellager bald zerstören.

d) Die Luftkühlung. Abgesehen von einigen Sonderbauarten sind alle Allstrommotoren mit einer wirksamen Luftkühlung ausgestattet, meist mittels Schaufellüfter, der unmittelbar auf der Ankerwelle sitzt. Sie hat den Zweck, die während des Betriebes an den Wicklungen von Anker und Feld sowie am Kollektor auftretende Wärme abzuführen. Die Erwärmung darf nämlich bei Vollast die vom V-DE. festgelegten Werte nicht überschreiten, weil sonst Schäden an den Wicklungen entstehen können. Aus diesem Grunde steht die Leistungsgrenze eines jeden Motors in einer gewissen Abhängigkeit von der Kühlung.

e) Schalter, Kabel, Stecker. In Abb. 10 ist die Schalterbauart einer Handbohrmaschine dargestellt. Fast durchweg sind Momentschalter eingebaut, die in der Lage sind, die Maschine bei voller Belastung einwandfrei abzuschalten. Ein Teil der Werkzeuge ist mit Kippschalter ausgerüstet; andere wieder mit einem durch Knopf verriegelten Hebelschalter. Der Strom wird durch ein dreiadriges Gummikabel zugeführt. Die dritte (rote) Ader ist die Erdleitung, welche mit den Metallteilen der Maschine und mit den Schutzkontakten des Steckers leitend verbunden ist. Es ist selbstverständlich, daß für alle Bauarten die „Vorschriften für Elektrowerkzeuge für Spannungen bis 250 Volt gegen Erde VEWz" angewendet werden müssen. Auch müssen die Schutzvorrichtungen den Unfallverhütungsvorschriften der Berufsgenossenschaften entsprechen. Es würde den Rahmen dieses Buches überschreiten, alle hierfür in Frage

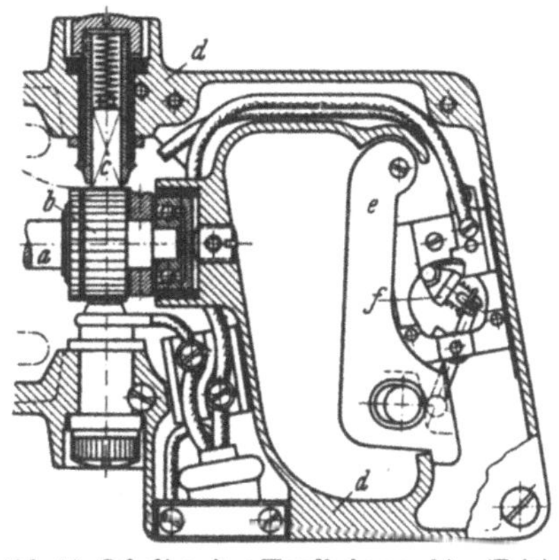

Abb. 10. Schalter einer Handbohrmaschine (Fein).
a = Motorwelle; b = Kollektor; c = Kohlebürste; d = Handgriff der Maschine; e = Schalthebel; f = Kippschalter.

kommenden Paragraphen aufzuführen[1]. Besonders zu beachten ist aber, daß alle Elektrowerkzeuge mit Erdung, Nullung oder Schutzschaltung versehen sein müssen. Alle der Berührung zugänglichen, nicht Spannung führenden Metallteile der Elektrowerkzeuge, die mittelbar Spannung annehmen können, sollen miteinander und mit der Anschlußstelle für die Schutzleitung gut leitend verbunden sein. Die Werkzeuge müssen ferner den im Betriebe durch Wärme, Feuchtigkeit und mechanische Einflüsse auftretenden Beanspruchungen standhalten können. Innere Verbindungen dürfen auch bei den auftretenden thermischen und mechanischen Beanspruchungen ihre Festigkeit und Kontaktfähigkeit nicht unzulässig ändern. Die Anschlüsse der Zuleitung an das Elektrowerkzeug müssen äußeren Beschädigungen und sonstigen schädlichen Einflüssen entzogen, mechanisch fest und gegen Lockerung geschützt sein.

Diese wenigen Sätze aus den obengenannten Vorschriften zeigen, daß bei der Herstellung von Elektrowerkzeugen zur Sicherheit des Betriebes weitgehende Vorschriften erfüllt werden müssen.

9. Aufbau des Getriebes. Das Getriebe hat den Zweck, die hohe Motordrehzahl auf die Arbeitsdrehzahl der Spindel herabzusetzen. Je nach Größe der Untersetzung werden ein- oder zweistufige Zahnradgetriebe verwendet. Innenverzahnungen sind seltener, doch finden wir sie bei einigen bewährten Mehrgang-Bohrmaschinen. Bei Übersetzungen ins Schnelle wird der Riementrieb bevorzugt. An die Haltbarkeit der Elektrowerkzeuggetriebe werden sehr große Anforderungen gestellt, denn meist handelt es sich um rauhe Betriebsverhältnisse. Die Getriebe sind hohen Belastungen durch Stöße, ungleiche Drücke und Geschwindigkeiten

---

[1] Die Vorschriften für Elektrowerkzeuge sind erhältlich durch den ETZ-Verlag und den Buchhandel, die Unfallverhütungsvorschriften durch die Berufsgenossenschaften.

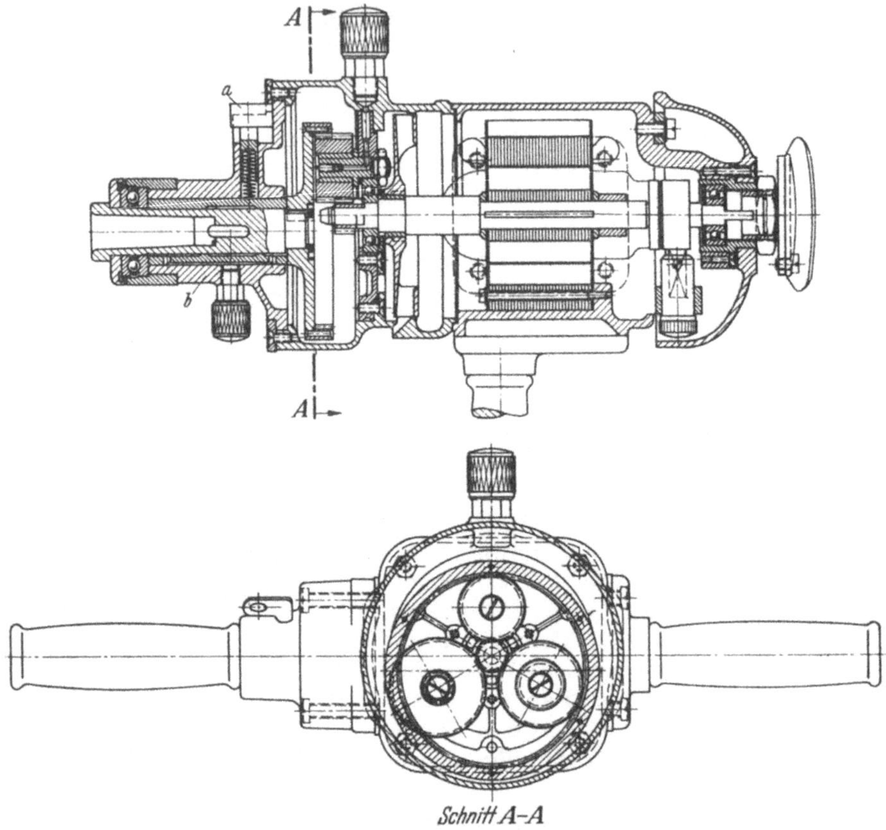

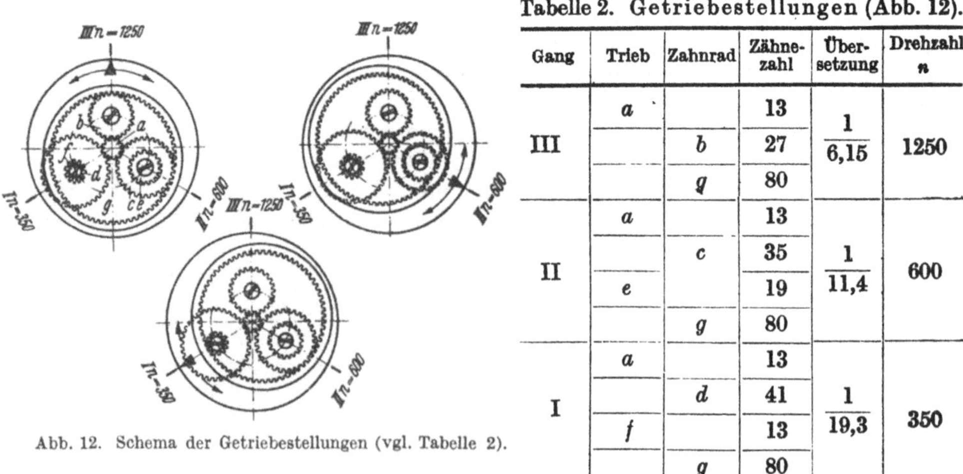

Abb. 11. Dreigang-Bohrmaschine für Bohrlöcher in Stahl von 6···20 mm (Fein).
a = federnde Raste; b = Bohrwellenlager. Nach Zurückdrücken der federnden Raste a läßt sich das Bohrwellenlager b drehen, wobei das Getriebe die drei Stellungen nach Abb. 12 einnehmen kann.

Abb. 12. Schema der Getriebestellungen (vgl. Tabelle 2).

Tabelle 2. Getriebestellungen (Abb. 12).

Gang	Trieb	Zahnrad	Zähnezahl	Übersetzung	Drehzahl n
III	a		13	$\dfrac{1}{6{,}15}$	1250
		b	27		
		g	80		
II	a		13	$\dfrac{1}{11{,}4}$	600
		c	35		
	e		19		
		g	80		
I	a		13	$\dfrac{1}{19{,}3}$	350
		d	41		
	f		13		
		g	80		

ausgesetzt; meist ist auch nach jahrelangem Betrieb die Schmierung nicht mehr in dem gewünschten Zustand. Um trotz der oft kleinen Zahnradabmessungen noch günstige Laufeigenschaften und geringes Geräusch zu erreichen, sind die Räder vielfach schräg verzahnt. Mitunter findet man auch Preßstoffräder, deren Laufeigenschaften bekanntlich sehr gut sind, selbst wenn die Schmierung vernachlässigt wird. Größere Handbohrmaschinen werden vielfach mit Mehrganggetrieben ausgerüstet, damit man ein und dasselbe Gerät zum Bohren verschieden großer Löcher verwenden kann. Die Abb. 11 und 12 zeigen Aufbau und Getriebe einer Dreigang-Bohrmaschine, während in Abb. 13 das Getriebe einer Fünfgang-Bohrmaschine

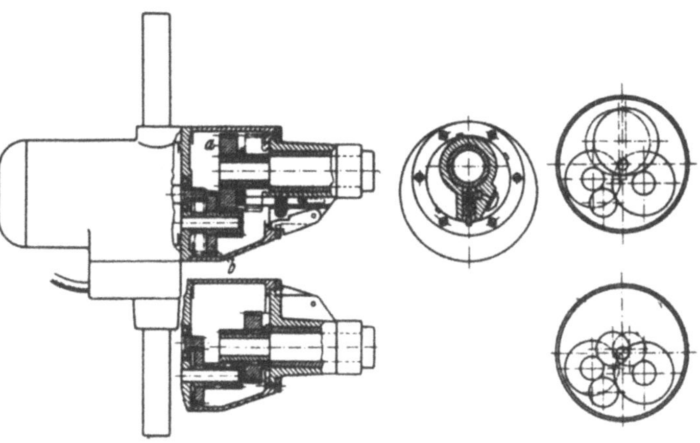

Abb. 13. Schema einer Fünfgang-Bohrmaschine (Fein).
Durch Verschieben der Zahnräder *a* und *b* und Drehen des Bohrwellenlagers lassen sich die fünf verschiedenen Drehzahlen einstellen.

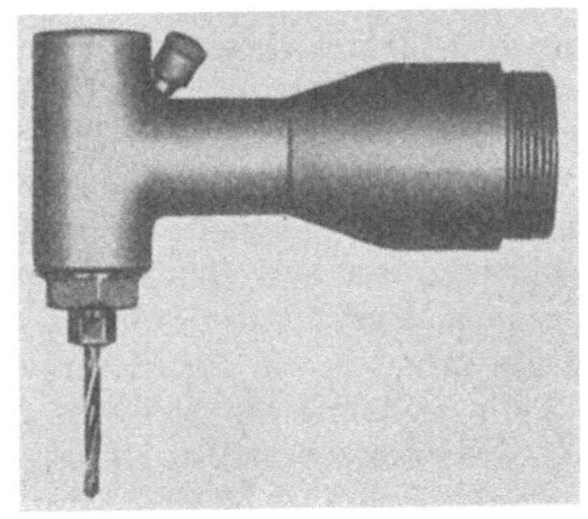

Abb. 14. Winkelkopf für Handmotor (Bosch).

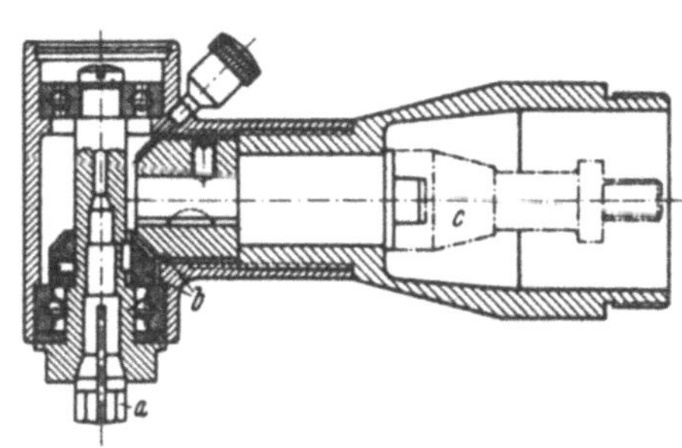

Abb. 15. Winkelkopf im Schnitt.
a = Spannzange; *b* = Kegelräder; *c* = Mitnehmer.

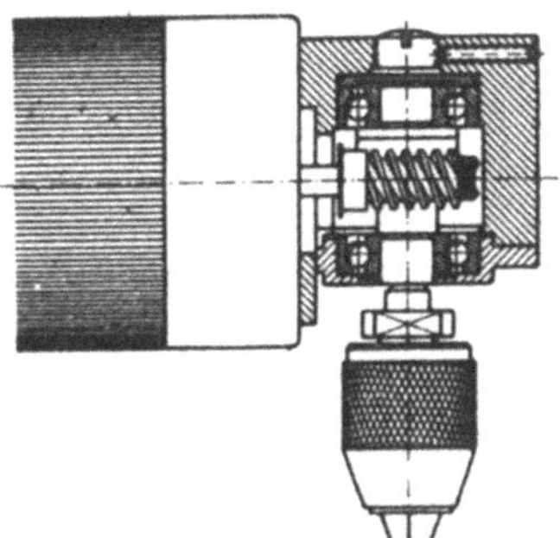

Abb. 16. Getriebekopf einer kleinen Handbohrmaschine (P. Schachel, Berlin).

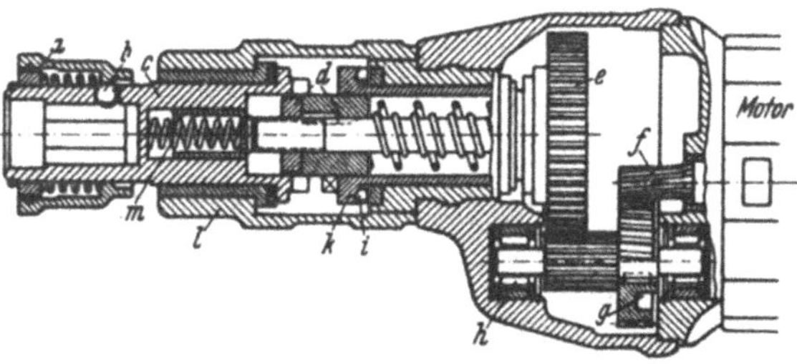

Abb. 17. Getriebekopf eines Schraubers (Bosch).
a = Überwurfring; *b* = Haltekugel; *c* = Mitnehmer; *d* = Einstellbüchse und Rastenmutter; *e* = Zahnrad mit Rollenkupplung; *f* = Motorritzel; *g* = Vorgelegezahnrad; *h* = Rollenlager; *i* = Druckkugellager; *k* = Kupplungslagerhülse; *l* = Spannhülse; *m* = Feder mit Bolzen.

dargestellt ist. Derartige Maschinen haben sich im Reparaturbetrieb sehr gut eingeführt, da durch die Auswahl der Drehzahlen eine Anpassung an die ver-

schiedenen Bohrerdurchmesser und an den zu bearbeitenden Werkstoff möglich
ist. Die Lagerung der Getrieberäder und Arbeitsspindeln ist den vorliegenden
Drehzahlen und den auftretenden Drücken angepaßt. Oft schreibt auch die
äußere Form des Getriebegehäuses die Verwendung bestimmter Lager vor. Für
hohe Drücke und niedrige Drehzahlen werden Gleitlager bevorzugt. Am ge-

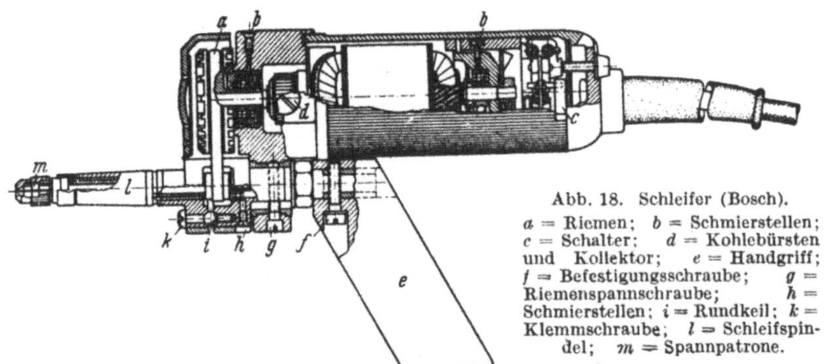

Abb. 18. Schleifer (Bosch).

a = Riemen; b = Schmierstellen;
c = Schalter; d = Kohlebürsten
und Kollektor; e = Handgriff;
f = Befestigungsschraube; g =
Riemenspannschraube; h =
Schmierstellen; i = Rundkeil; k =
Klemmschraube; l = Schleifspin-
del; m = Spannpatrone.

bräuchlichsten sind aber Kugellager in allen Ausführungsarten. Neuerdings führen
sich auch Rollenlager ein, denn sie sind sehr hoch belastbar und nehmen verhältnismäßig wenig Platz in Anspruch. In den Abb. 14···18, ferner 38, 51 u. 56 sind
Getriebeköpfe für die verschiedensten Arbeitszwecke dargestellt.

10. Die Anforderungen der Praxis an die Universal-Elektrowerkzeuge. Der Einsatz von Elektrowerkzeugen in Handwerk und Industrie steht vielfach noch am
Anfang der Entwicklung. Es ist daher Zweck dieses Abschnittes, den Leser mit
den Anforderungen an ein Elektrowerkzeug vertraut zu machen, damit er selbst
beurteilen lernt, welche Maschinenart für seinen Zweck am geeignetsten erscheint.
Er muß auch wissen, was er dem Elektrowerkzeug zumuten kann und was bei der
Verwendung zu beachten ist. Wohl wenige Maschinen müssen unter derart schwie-
rigen und vor allem unterschiedlichen Bedingungen arbeiten wie ein Elektrowerkzeug. In den weitaus meisten Fällen arbeiten Fachleute damit, die wohl eine große
Übung in ihrer Tätigkeit haben, jedoch das Werkzeug nur von außen kennen. Sie
beanspruchen es bis zur Grenze der Brauchbarkeit, ohne sich Rechenschaft ab-
zulegen, ob das Gerät die verlangte Leistung überhaupt abgeben kann.

Die Werkzeuge müssen auch oft unter denkbar schlechten technischen Bedingungen arbeiten. Die Arbeitsstelle ist staubig oder naß oder die Maschine wird
in unsauberen Behältern aufbewahrt und verschmutzt mit der Zeit vollkommen.
Alle diese Fälle kommen praktisch vor, und es ist daher notwendig, den elektrischen
Teil den gegebenen Verhältnissen anzupassen. Wertvolle Hinweise hierfür enthalten
die schon oben (Abschn. 8e) erwähnten „Vorschriften für Elektrowerkzeuge" für
Spannungen bis 250 Volt gegen Erde. Wenn diese Vorschriften vom Werkzeughersteller und auch -benutzer beachtet werden, dann entsprechen die Geräte
wenigstens einer gewissen Güteklasse und den an sie gestellten Anforderungen.
Bei neueren Maschinen bester Bauart und Ausführung sind diese Schutzmaßnahmen
aber noch ganz erheblich gesteigert, damit Staub und Schmutz, Feuchtigkeit und
natürlicher Verschleiß sich nicht oder nur in sehr geringem Umfange schädlich
auswirken können. Selbstverständliche Forderungen an die Gestaltung des elektrischen Teiles sind daher beispielsweise große Abstände und gute Isolation zwischen
spannungführenden Teilen, einwandfreie Zuleitungskabel sowie richtige Erdung
der Maschine. Für den mechanischen Teil ist es eine bekannte Tatsache, daß die
Herstellgenauigkeit eines Erzeugnisses ausschlaggebenden Einfluß auf die Lebens-

dauer besitzt. Ganz besonders ist dies bei maschinellen Handwerkzeugen der Fall, denn je größer die Präzision der Einzelteile, je größer die Sorgfalt beim Zusammenbau, desto länger lebt das Werkzeug und nützt dem Verbraucher. Hiermit ist eigentlich alles gesagt, denn der Begriff der Präzision ist ziemlich eindeutig; er bezieht sich auf die einwandfreie Ausführung der Gewinde, auf gut sitzende Einpässe, auf die richtige Lagerung der Triebwerksteile, auf Geräusch und vieles andere.

Die Handlichkeit eines Elektrowerkzeuges ist oft mitbestimmend für die Arbeitsleistung, die es vollbringen kann. Wenn nämlich ein Gerät nicht richtig in der Hand liegt, dann kann der Arbeitende auch keine einwandfreie Arbeit damit leisten. Dauernd ist er unsicher und vor allem auch überanstrengt, denn seine Aufmerksamkeit wird immer wieder von der eigentlichen Tätigkeit abgelenkt. Ein Elektrowerkzeug muß also bequem zu bedienen sein; die Handgriffe müssen an der richtigen Stelle sitzen und eine den auftretenden Kräften entsprechende Länge haben. Erwähnt sei noch die Unfallsicherheit und eine ungehinderte Sicht auf die eigentliche Arbeitsstelle.

11. Pflege der Elektrowerkzeuge. Genau wie jede andere Maschine muß auch das Elektrowerkzeug regelmäßig gewartet werden. Nie darf es so weit kommen, daß durch schlechte Pflege sich der Betriebszustand eines Gerätes mit der Zeit der Unbrauchbarkeit nähert. Eine derartige Behandlung rächt sich immer, ganz abgesehen von der Unfallgefahr, die unweigerlich damit verbunden ist. Natürlich sind auch die Instandsetzungskosten für ein heruntergewirtschaftetes Werkzeug meist bedeutend höher als die Kosten für eine regelmäßige Wartung und ein rechtzeitiges Beheben kleiner Schäden. Die regelmäßige Pflege eines Universalwerkzeuges bezieht sich meist auf folgende Handlungen:

a) Kohlebürsten. Abnutzung überwachen, nötigenfalls erneuern.

b) Kollektor. Prüfen, ob er durch monatelange Benutzung eingelaufen ist. Der Zustand des Kollektors ist mitbestimmend für die Lebensdauer der Kohlen. Natürlich dürfen nur diejenigen Kohlen verwendet werden, die der Lieferer des Gerätes vorschreibt. Ein Kohlenpaar soll $200 \cdots 300$ Stunden halten. Hält es nur $50 \cdots 100$ Stunden, dann muß der Kollektor überdreht werden. Voraussichtlich sind auch die Ankerkugellager ausgelaufen.

c) Schmierung der Kugellager und Zahnradgetriebe. Die Fettfüllung hält meist $300 \cdots 500$ Stunden, dann ist neues Fett in der erforderlichen Menge nachzufüllen. Bei Getrieben soll von Zeit zu Zeit das ganze verbrauchte Fett entfernt werden. Es kommt nämlich oft vor, daß durch häufiges Nachfetten sich eine zu große Menge ansammelt. Dies hat Erwärmung zur Folge. Am besten wird ein säurefreies Getriebefett benutzt. Staufferfett ist wegen seines Wassergehaltes denkbar ungeeignet.

d) Durchlüftung. Jedes Elektrowerkzeug muß nach Art der Verwendung gelegentlich auch innerlich gereinigt werden. Die Lüftungslöcher oder Schlitze dürfen nicht mit Schmutz zugesetzt sein.

e) Schalter und Stecker. Die Statistik lehrt, daß Schäden an Kabeln und Steckern immer wieder zu Unfällen führen. Diese sind vermeidbar. Mit angeschnittenen oder durchwetzten Kabeln sowie zertrümmertem Stecker darf keinesfalls weitergearbeitet werden. Sie sind sofort und gründlich auszubessern.

Es ist nicht möglich, an dieser Stelle ausführliche Vorschriften für alle Fälle zu erteilen. Ganz allgemein sei nur noch gesagt, daß die Maschinen und das übrige Zubehör auch äußerlich gepflegt werden müssen.

12. Zubehör und Werkzeuge sind für die Universal-Elektro- wie auch für alle anderen maschinellen Handwerkzeuge in reichlicher Auswahl vorhanden. Tischständer, mit deren Hilfe man eine kleine Tischbohr-, -schleif- oder -fräsmaschine ersetzen kann. Das Elektrowerkzeug, d. h. also die Spindel kann durch Hand- oder Fußhebel betätigt werden. Aufhängeständer mit eingebautem Federzug oder auch federnde Deckenaufhängung lassen das Gerät griffbereit über dem Arbeitsplatz schweben, so daß auf der Werkbank selbst Platz gewonnen wird. Mit Quer- und Senkrechthaltern lassen sich die Werkzeuge auf oder an der Werkbank befestigen (Abb. 19). Wie der Motor mit verschiedenen Getriebeköpfen verwendet werden kann, so läßt sich auch die Spindel mit verschiedenen Werkzeugen bzw. Spanneinrichtungen für Werkzeuge ausrüsten. Als Werkzeuge werden Bohrer, Fräserfeilen, Schmirgelkörper, Filzpolierkörper,

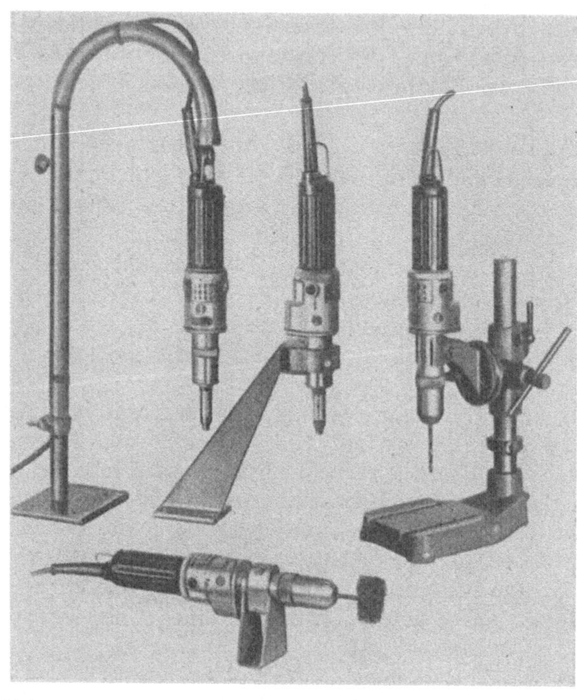

Abb. 19. Aufhängeständer, Quer- und Senkrechthalter sowie Ständer für Elektrowerkzeuge (Bosch).

Drahtbürsten und andere in den verschiedensten Formen verwendet. Abb. 20 zeigt eine kleine Auswahl dieser Werkzeuge.

C. Anwendungsgebiete der Universal-Elektrowerkzeuge.

13. Die Anwendungsmöglichkeiten der Elektrowerkzeuge sind so vielseitig, daß hier nur wenige Beispiele herausgegriffen werden können. Die Einrichtung des Arbeitsplatzes in der Einzel-, Reihen- und Massenfertigung, aber auch an Werkzeugmaschinen, läßt sich mit Hilfe dieser Geräte raum- und zeitsparend durchführen. Auf der anderen Seite muß man sich aber auch darüber klar sein, daß jede der in diesem Buche besprochenen Werkzeugarten wegen der Art des Antriebes, der äußeren Form oder des Gewichtes u. dgl. nur innerhalb gewisser

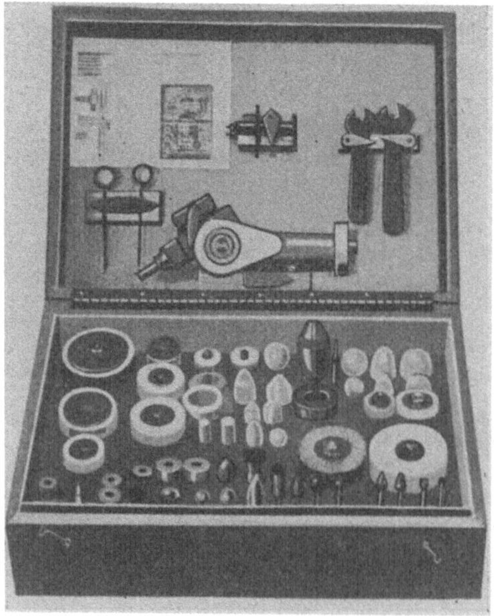

Abb. 20. Auswahl von Einsatzwerkzeugen.

Grenzen verwendbar ist. Die besonderen Eigenarten des Allstrommotors, also

Kohlen und Kollektor sowie der Drehzahlabfall bei Belastung machen diese Gerätegruppe ungeeignet für ausgesprochen schwere Arbeitsleistungen, die in gleicher Höhe dauernd, Tag für Tag, Monat für Monat in mehrschichtigem Betrieb verlangt werden. Für derart rauhe Betriebsverhältnisse werden heute Hochfrequenzwerkzeuge verwendet, die im vierten Hauptabschnitt besprochen werden. Die Stärke der Universalwerkzeuge liegt dafür auf anderen Gebieten, sie sind in erster Linie vielseitig. Das ist für den Kleinbetrieb ausschlaggebend, denn dieser kann sich nicht für jede Arbeit ein besonderes Gerät anschaffen. Auch ist die kleine Werkstatt viel mehr Konjunkturschwankungen unterworfen. Sie hat die Fähigkeit der raschen Umstellung und gerade für den häufigen Wechsel in der Art der auszuführenden Arbeit sind Universalwerkzeuge besonders geeignet. Sie sind sehr umstellfähig, d. h. ein und dasselbe Gerät ist meist für eine ganze Anzahl verschiedener Arbeiten brauchbar. Die Drehzahl des Allstrommotors sinkt bei Belastung ab, und zwar zwischen Leerlauf und Vollast um etwa 30 %. Vielfach wirkt sich das als Vorteil aus, denn die Drehzahl paßt sich gewissermaßen der Belastung an. Dieses Anpassen schont das Einsatzwerkzeug, also den Bohrer oder Fräser. Es ist das oft von großem Vorteil, denn z. B. im Reparaturbetrieb herrschen dauernd wechselnde Verhältnisse, die eine gewisse Anpassung der Drehzahl wünschenswert erscheinen lassen. Universalwerkzeuge geben dem Handwerker wie dem kleinen und mittelgroßen Betrieb die Möglichkeit, wirtschaftlich zu arbeiten und Schwankungen im Arbeitsanfall auszugleichen. Ein Elektrowerkzeug ist ja weiter nichts als ein Hilfsmittel zur Nutzbarmachung der elektrischen Energie. Es entspricht der Erfahrung, daß 2···4 Geräte eine Arbeitskraft ersetzen. Mitunter ist dieses Verhältnis noch wesentlich günstiger; es hängt eben von den jeweiligen Betriebsverhältnissen ab. Irgendein Nutzen ist durch die Verwendung eines Elektrowerkzeuges immer gegeben, sei es bessere Arbeit und schnellere Ausführung, sei es eine Erleichterung für den Arbeitenden oder die Möglichkeit, eine bestimmte Arbeit mit ihrer Hilfe überhaupt erst ausführen zu können.

14. Die Bohrmaschinen im Betrieb. Die Verwendung von Bohrmaschinen ist so eindeutig, daß hierüber wohl kaum viel gesagt werden muß. Bemerkenswert sind lediglich

Abb. 21. Mehrgang-Bohrmaschine in der Autoreparatur (Hahn & Kolb, Stuttgart).

Abb. 22. Handmotor bei einer Montagearbeit (Bosch).

die verschiedenen Sonderbauarten, d. h. Mehrgangmaschinen und Bohrmaschinen bzw. Handmotoren mit Winkelkopf. Bohrmaschinen mit verschiedenen Drehzahlbereichen braucht man in erster Linie im Handwerk und bei Zusammenbauarbeiten (Abb. 21). Eine solche Maschine kann meist für den Bereich von

12···23 mm Durchmesser benutzt werden. Für kleinere Löcher nimmt man lieber eine Bohrmaschine für 8 bzw. 10 mm oder einen Handmotor mit 6 mm Bohrleistung, denn dünne Bohrer verlangen eine leichte Maschine mit großer Handlichkeit (Abb. 22). Fast alle Elektrobohrmaschinen sind zum Bohren oder Senken kleinerer Teile auch in Tischständer einzuspannen (Abb. 23). Hervorzuheben sind noch Winkelbohrmaschinen bzw. Hand-

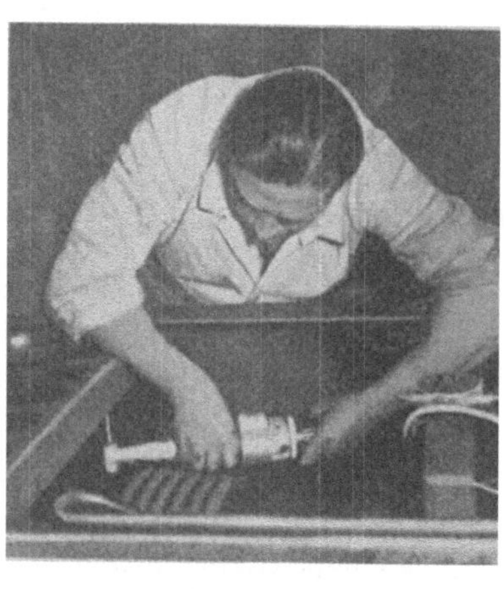

Abb. 24. Handmotor mit Winkelkopf beim Bohren eines Loches an einer schwer zugänglichen Stelle (Bosch).

Abb. 23. Mehrgang - Bohrmaschine mit Tischständer (Hahn & Kolb).

motoren mit Winkelkopf zum Bohren an schwer zugänglichen Stellen. Sie erleichtern und verkürzen sehr viele Arbeiten, die sonst nur sehr umständlich und zeitraubend auszuführen wären (Abb. 24).

15. Verwendung von Handmotoren und Schraubern in der Mengenfertigung. Die Erzeugnisse der feinmechanischen

Abb. 25. Arbeitsplatz zum Umbördeln kleiner Hohlnieten mit Handmotor am Tischständer (Bosch).

Abb. 26. Arbeitsplatz mit drei Elektrohandmotoren. Höhere Leistung durch Zusammenlegen von mehreren Arbeitsgängen (Bosch).

und elektrotechnischen Industrie werden meist in kleineren oder größeren Reihen hergestellt. Im Verlaufe der Einzelteilherstellung und beim Zusammenbau dieser Erzeugnisse gibt es viele Arbeiten, die mit einem kreisenden Werkzeug ausgeführt werden müssen, so z. B. Aufbohren, Senken, Bördeln, Aufreiben, Schrauben u. dgl.

(Abb. 25). Um diese vielen Arbeiten jeweils an den einzelnen Arbeitsplätzen auszuführen, benötigt man Handmotoren verschiedener Ausführung und Schrauber. Da die einzelnen Geräte besondere Einspannstellen besitzen, lassen sie sich in

Abb. 27. Handmotor an einer Dornpresse ange-flanscht. Zwei Arbeiten gleichzeitig (Bosch).

Abb. 28. Drei Elektroschrauber an der Werkbankvorderkante befestigt (Bosch).

jeder beliebigen Lage auf der Werkbank anordnen, d. h. festklemmen, aufhängen, aufflanschen u. dgl. (Abb. 26 u. 28). Aus dieser Möglichkeit hat sich im Laufe der Zeit eine eigene Anwendungstechnik entwickelt, die folgende Gruppen umfaßt:

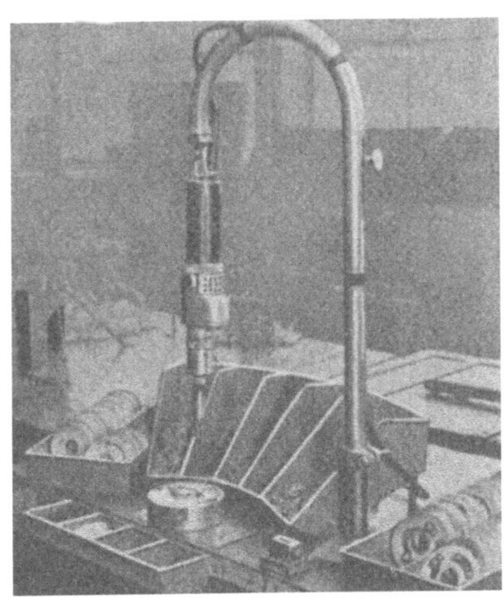

Abb. 29. Vorbildlicher Arbeitsplatz zum Zusammenschrauben kleiner Schalter. Die grifftechnisch richtige Anordnung von Elektrowerkzeug, Werkstückbehälter und Arbeitsauflage ermöglicht große Leistung ohne Überanstrengung (Bosch).

Abb. 30. Elektroschrauber in Tischständer eingespannt. Das Anstellen erfolgt durch Fußhebel mit Seilzug (Bosch).

a) Aufbau kleinerer, leistungsfähiger und sehr übersichtlicher Arbeitsplätze für die Kleinteilherstellung und den Zusammenbau. Die Elektrowerkzeuge nehmen nur wenig Platz in Anspruch, weshalb eine umfangreiche Fertigungsanlage mit ihrer Hilfe oft auf verhältnismäßig kleinem Raum aufgebaut werden kann. Durch entsprechende Vorbereitung sind die einzelnen Arbeitsgänge auf das äußerste zu vereinfachen, die Arbeitsplätze sind durch grifftechnisch günstige Anordnung der

Werkzeuge und Einzelteile so auszugestalten, daß die Arbeit gleichmäßig und störungsfrei ausgeführt werden kann. Die Abb. 25···31 zeigen solche zweckmäßig ausgerüsteten Arbeitsplätze.

b) Zusammenarbeit mit Werkzeugmaschinen zwecks Ausnutzung sonst verlorener Leerlauf-

Abb. 31. Schrauber in Querhalter eingespannt (Bosch). ·

Abb. 32. Halbautomatische Bohrmaschine mit nachträglich angebrachtem Handmotor. An dem Elektrowerkzeug werden während des Bohrens Teile entgratet (Bosch).

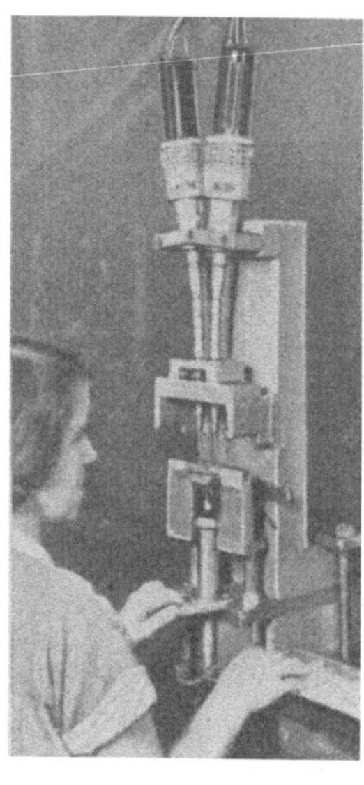

Abb. 33. Doppelte Schraubeneinrichtung zum gleichzeitigen Einziehen von zwei Schrauben (Bosch).

zeiten (Abb. 32). Die Fertigung sehr vieler Teile erfordert oft Arbeitsgänge, die an sich von untergeordneter Bedeutung sind, die aber doch durchgeführt werden müssen, wie z. B. Aufbohren, Senken, Entgraten usw. Jeder Betriebsmann weiß, wie schwierig es ist, solche

Abb. 34. Gleichzeitiges Bohren eines senkrechten und eines waagerechten Loches. Der Handmotor ist in einem Querschlitten eingespannt (Bosch).

Abb. 35. Aufschrauben von Kistenböden mit Elektroschraubern (Bosch).

Arbeiten in den Gang der Fertigung richtig einzuordnen. Eine besondere Arbeitskraft kann an dieser Stelle nicht voll beschäftigt werden. Sollen aber mehrere solcher Nebenarbeiten an einem Platze ausgeführt werden, so verteuern Transport und Transportwege den Artikel. Da die Geräte sehr wenig Platz beanspruchen, behindern sie den Gang der Maschine nicht.

c) **Schnelles Umstellen einer Fertigung** auf andere oder ähnliche Erzeugnisse, denn das gleiche Elektrowerkzeug kann für viele verschiedene Arbeiten verwendet werden und ist schnell anders angeordnet.

d) **Zusammenarbeit mehrerer Elektrowerkzeuge** bei der Kleinteilherstellung bzw. beim Zusammenbau. Beispielsweise gleichzeitiges Bohren mehrerer verschieden gerichteter Löcher in ein Werkstück oder gleichzeitiges Eindrehen verschieden großer Schrauben oder Muttern (Abb. 33). Bei entsprechend geschickter Anordnung oder, unter Benutzung besonders konstruierter Hilfseinrichtungen lassen sich oft erhebliche Zeit- und damit auch Lohnersparnisse erreichen. Eine Tisch-Schnellbohrmaschine wird mit einem Querschlitten versehen. Bohrspindel und Querschlitten werden vom Handhebel der Maschine gleichzeitig senkrecht bzw. waagerecht bewegt. Der auf dem Querschlitten befestigte Handmotor bohrt dann im selben Arbeitsgang ein Querloch (Abb. 34)

e) **Verminderung von Störungsquellen** und von Fertigungsausschuß. Insbesondere Elektroschrauber haben die Fähigkeit, die Schrauben sehr gleichmäßig einzudrehen, so daß sich eine Nachprüfung erübrigt (Abb. 35 u. 36).

f) **Erleichterung für die Arbeitenden** durch Aufbau übersichtlicher und leicht zu bedienender Arbeitsplätze.

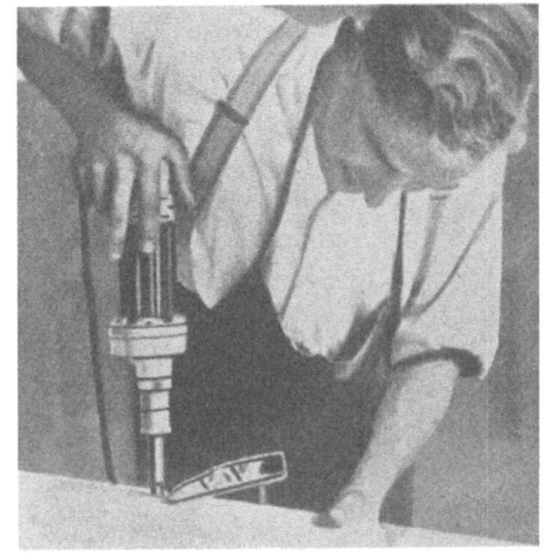

Abb. 36. Zusammenschrauben großer Spannrahmen (Bosch).

Ein kleines Elektrowerkzeug, an der richtigen Stelle eingesetzt, spart oft unnötig aufgewendete Mühe und fördert damit die Arbeitsfreude und die Leistung.

Wie man sieht, ist die Verwendung von Handmotoren und Schraubern im Rahmen einer Fertigung außerordentlich vielseitig. Dies geht auch aus den beigefügten Bildern deutlich hervor.

16. Schleifer in der Werkzeugmacherei. Schleifer (Abb. 18, 37 u. 38) werden in erster Linie zum Bearbeiten harter bzw. gehärteter, d. h. schwer bearbeitbarer Werkstoffe verwendet. Man findet Schleifer in vielen Industrien; am meisten jedoch in den Werkzeugmachereien. Sie werden in diesem Fachgebiet hauptsächlich für Nachschleifarbeiten verwendet, denn es gibt außer dem kreisenden Schleifstein prak-

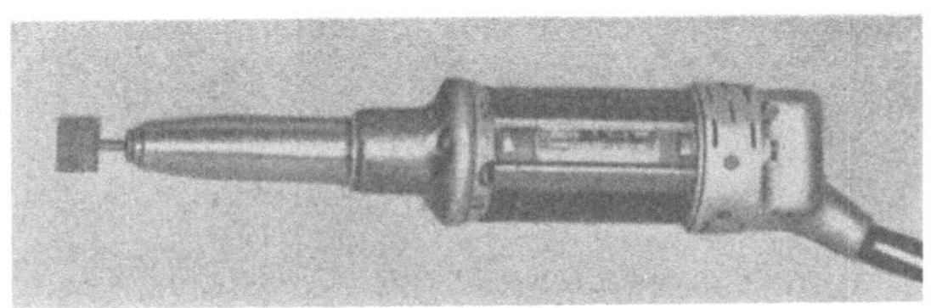

Abb. 37. Schleifer (Bosch).

tisch kein wirtschaftliches Werkzeug zum Bearbeiten gehärteter Teile. Bekanntlich kann dem Schleifstein durch Abdrehen mit dem Diamanten bzw. dem Abziehstein jede beliebige Form gegeben werden: kugelig oder ballig, spitz, zylindrisch oder kegelig. Die Anwendung der Schleifer wird am besten an Hand einiger Arbeiten beschrieben, die im praktischen Betrieb vorkommen.

Sollen beispielsweise die Einzelteile einer Bohrlehre zusammengebaut werden, dann gibt es stets eine Menge Schleifarbeit, sei es an der Auflage für das Werkstück am Spannexzenter oder an einem Keilloch. Meist sind die Teile schon gehärtet; oft möchte man die auch bereits verstifteten Teile nicht nochmal lösen. In den meisten dieser Fälle kann die notwendige Verbesserung mit einem Schleifer ausgeführt werden, ohne nochmaliges Zerlegen der Vorrichtung. Ganz ähnlich liegen die Verhältnisse bei der Herstellung von Schnittwerkzeugen aller Art. Meist wird beim Einpressen des gehärteten Stempels in die Schnittplatte an beiden Teilen ein kleiner Härteverzug festgestellt. Ein noch-

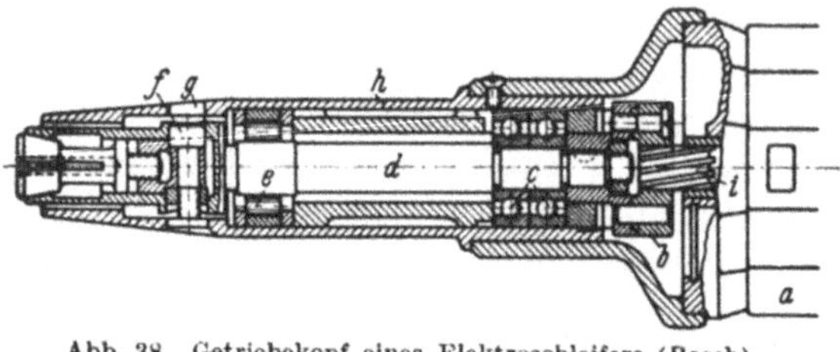

Abb. 38. Getriebekopf eines Elektroschleifers (Bosch).
a = Motor; b = Mitnehmerscheibe; c = doppeltes Kugellager; d = Spindelachse; e = Rollenlager; f = Schnellspannexzenter; g = Öffnung für den Spannschlüssel; h = Spindelgehäuse aus Stahl; i = Ankerritzel.

Abb. 39. Nachschleifen einer beim Härten etwas verzogenen Schnittplatte (Bosch).

Abb. 40. Ausschleifen und Glätten einer Preßform (Bosch).

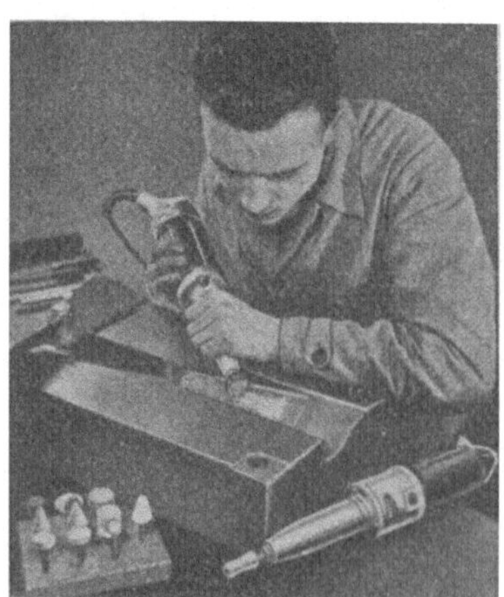

Abb. 41. Elektroschleifer beim Überarbeiten einer Kokille (Bosch).

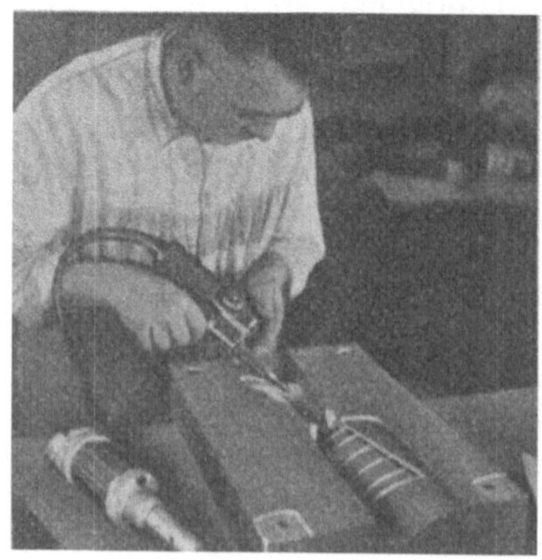

Abb. 42. Feine Schleifarbeit an einer Kokille (Bosch).

maliges Glühen, Nacharbeiten und Neuhärten ist immer ein großes Wagnis und bringt nur selten den gewünschten Erfolg. Die notwendige Nacharbeit der Schnittplatte wird in kurzer Zeit mit einem Schleifer durchgeführt (Abb. 39). Man schleift von der Unterseite der Platte vorsichtig Hundertstel für Hundertstel ab, bis das genaue Maß erreicht ist. Das Zusammensetzen der Einzelteile großer Schnittwerkzeuge wird mit einem Schleifer sehr erleichtert, denn nur selten passen die gehärteten Stücke von vornherein einwandfrei zusammen. Bei Säulenführungen spielt der Härteverzug eine recht unangenehme Rolle. Meist gehen die Löcher etwas ein. Die Nacharbeit ist auch in diesem Falle mit einem Schleifer sehr schnell durchgeführt. Auch aus der Praxis des Spritzgußformenbaues lassen sich einige Beispiele bringen, wie das Anpassen von Schiebern und Stempeln und vor allem die Nacharbeiten an den Füllkanälen der bereits gehärteten Formteile. Im Preßformenbau werden Schleifer beim Ausarbeiten der Formen benutzt, wie auch zum Fertigmachen und Polieren. Die Abb. 39···43 zeigen die Anwen-

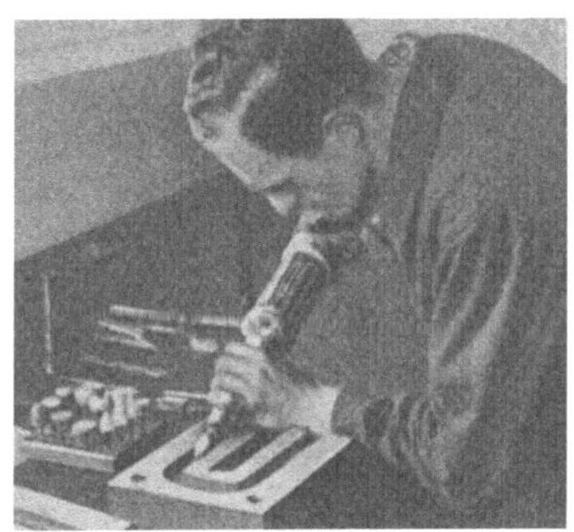

Abb. 43. Nacharbeit durch Schleifen (Bosch).

Abb. 44. Schleifer mit hoher Drehzahl als Holzfräsgerät im Modellbau (Bosch).

dung der Schleifer im Werkzeugbau. Neuerdings werden Schleifer mit etwa 20000 U/min auch im Holzmodellbau benutzt für saubere Formfräsarbeiten, Abb. 44. Die arbeitstechnischen Erleichterungen sind bei diesen Arbeiten sehr groß, denn viele Formen können wesentlich schneller und genauer ausgearbeitet werden als von der Hand.

17. **Elektrowerkzeuge in Autowerkstätten.** In Autowerkstätten werden die maschinellen Handwerkzeuge für die verschiedensten Zwecke mit Erfolg angewendet. Bohrarbeiten an den Schutzblechen oder im Inneren des Wagens lassen sich ohne zeitraubenden Ausbau durchführen. Auch die Motorblock- und Ventilreinigung kann schnell und damit billiger vorgenommen werden. Zum Entrußen des Zylinderkopfes werden Drahtbürsten in das Futter des Gerätes eingespannt (Abb. 45). Für die Stößelführungen verwendet man Ventilführungsreiniger (Abb. 46). Ventilsitze werden nachgefräst, indem man den Fräser auf einen Führungsschaft mit Spreizhülse aufsetzt. Die Hülse wird in die Ventilführung eingeklemmt. Die Ventilsitze werden unter Verwendung desselben Führungsschaftes mit verschiedenen Schleifscheiben nachgeschliffen (Abb. 47). Mit Hilfe von Ventileinschleifmaschinen mit hin- und hergehender Bewegung wird der Ventilteller durch eine Feder immer wieder — bis

Abb. 45. Entkohlen eines Zylinderkopfes (Fein).

zu 500 mal in der Minute — vom Sitz abgehoben und unter Verwendung von Öl und Schmirgel eingeschliffen. Mit einer Haltevorrichtung ortsfest gemachte

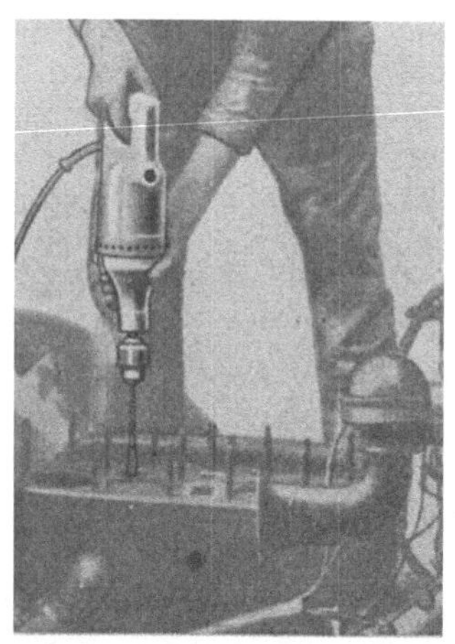

Abb. 46. Reinigen der Stößelführungen (Fein).

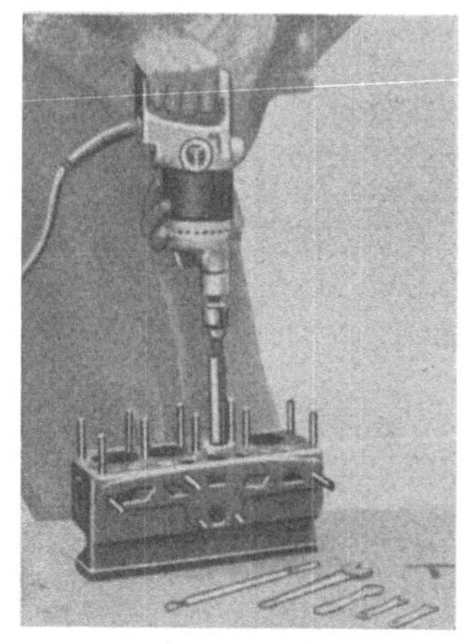

Abb. 47. Nachschleifen von Ventilsitzen (Fein).

Abb. 48. Reinigen von Ventilen u. dgl. mit Stahldrahtbürsten (Fein).

Geräte können zum Reinigen von Ventiltellern, Schrauben usw., sowie auch zum Nachschleifen von Ventiltellern an der Drehbank verwendet werden (Abb. 48 u. 49). Größere Handbohrmaschinen mit Drehzahlen von etwa 200···700 U/min eignen sich zum Nacharbeiten (Hohnen) von

Abb. 49. Nachschleifen von Ventiltellern an der Drehbank (Fein).

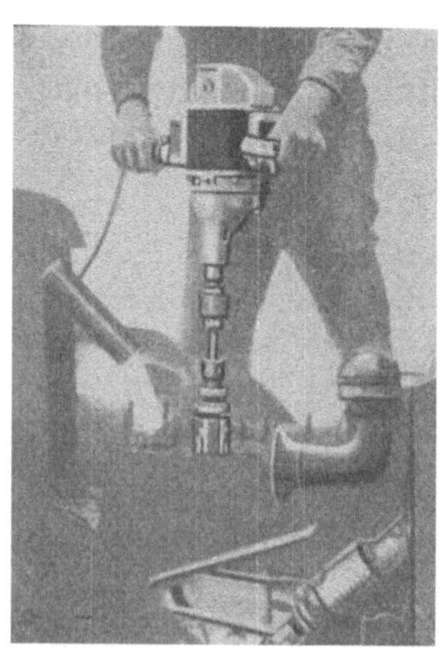

Abb. 50. Honen von Zylinderbohrungen (Fein).

Zylinderbohrungen. Dabei werden in das Bohrfutter mehrteilige Schleifkörper mit verstellbaren Abziehsteinen eingesetzt (Abb. 50). Die letzte Genauigkeit in der Bohrung gibt erst diese Ziehschleifahle; auch leicht ausgeschlagene Zylinder kann man mit diesem Werkzeug schnell und wirtschaftlich nacharbeiten. Neuerdings wird beim Nacharbeiten die Bohrung den vorhandenen Kolbendurchmessern angepaßt. Das ist ohne Ausbau des Zylinderblockes mit maschinellen Handwerkzeugen und entsprechenden Ständern, die auf dem Block verschraubt werden, ausführbar. Für kleinere Bohrungen (etwa bis 80 oder 90 mm) werden fünfsteinige, für größere Durchmesser sechssteinige Schleifahlen verwendet.

18. Poliergeräte (Abb. 51···54) werden unter Benutzung entsprechender Werkzeuge zum Abrosten, Reinigen, Blechschleifen, Spachtel- und Lackschleifen, Lack-

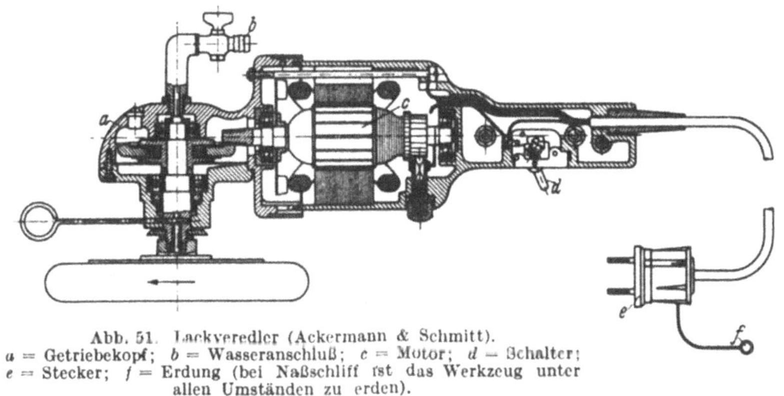

Abb. 51. Lackveredler (Ackermann & Schmitt).
a = Getriebekopf; b = Wasseranschluß; c = Motor; d = Schalter; e = Stecker; f = Erdung (bei Naßschliff ist das Werkzeug unter allen Umständen zu erden).

Abb. 52. Blechschleifen (Fein).

Abb. 53. Spachtelschleifen. (Wasserzufuhr zur Mitte Scheibe, Schutzring verhütet das Umherschleudern des Wassers.)

polieren u. a. m. verwendet. Elektroblechscheren und -stichsägen für die verschiedensten Arbeiten an Kotflügeln und Karosserien gehören ebenfalls zur notwendigen Ausrüstung einer neuzeitlichen Autowerkstatt.

19. Blechscheren. Die Elektrohandscheren Abb. 55 u. 56 zählen zu den Elektrowerkzeugen, die in den letzten Jahren die

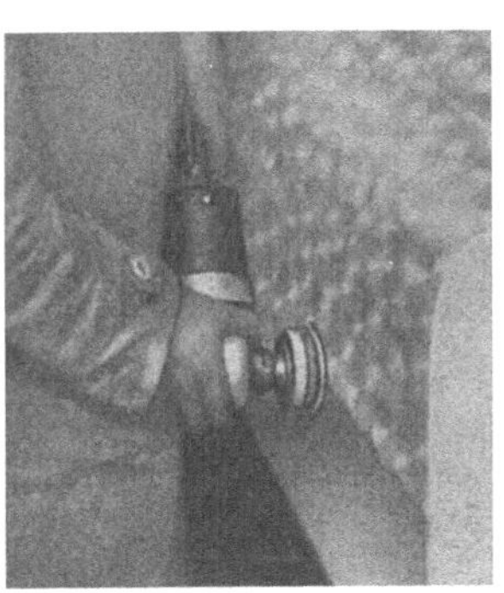

Abb. 54. Marmorieren eines Tanks.

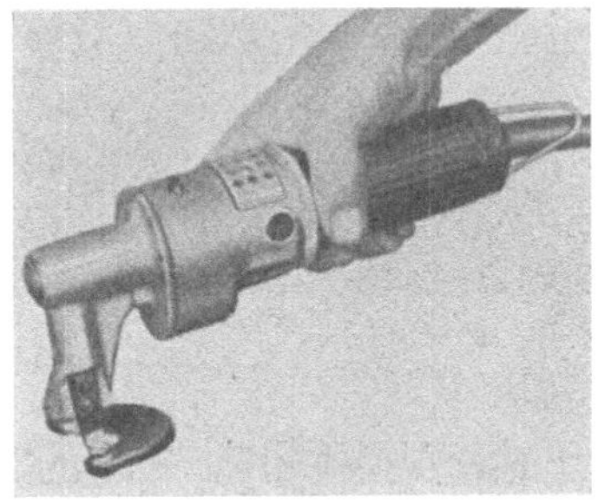

Abb. 55. Blechschere mit Universalmotor (Bosch).

stärkste Verbreitung gefunden haben. Die Ursache liegt in der ganz außerordentlichen Erleichterung der früher so mühseligen Arbeit mit der Handschere. Nicht nur der Fabrikant hat einen Nutzen von der etwa dreimal größeren Schneidleistung; auch der Arbeitende ist sehr geschont, denn die Elektroschere muß lediglich geführt werden. Die eigentliche Trennarbeit leistet der Motor mit dem sinnreichen Schneidgetriebe. Das Anwendungsgebiet der Elektroschere reicht bis zu einer Blechdicke von etwa 4 mm.

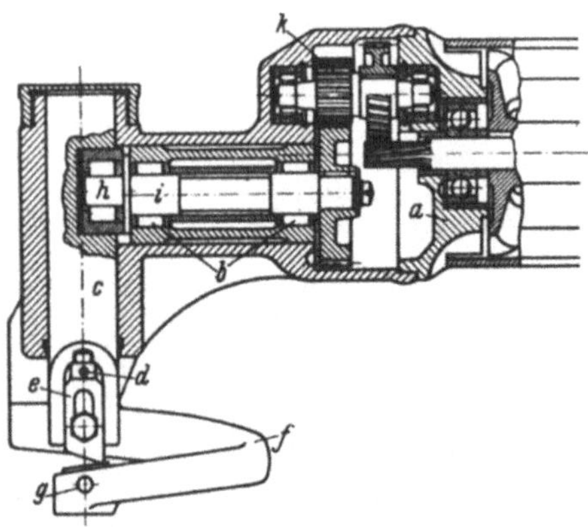

Abb. 56. Getriebekopf der Blechschere (Bosch).
a = Zwischenlager; *b* = Rollenlager; *c* = Stößel;
d = Verstellschraube für Obermesser; *e* = Obermesser; *f* = Schneidtisch; *g* = Verstellschraube für
Untermesser; *h* = Exzenter; *i* = Exzenterwelle;
k = Vorgelege.

Abb. 57. Beschneiden der Ränder einer) geschweißten Abdeckhaube (Bosch).

Darüber hinaus kommen andere Schneidverfahren zur Anwendung. Hauptsächlich werden die Scheren für das Beschneiden von Blechtafeln verwendet, und zwar nicht nur beim Handwerker, sondern auch in der Blechwarenfabrik, die Hunderte von Tafeln gleicher Form auszuschneiden hat. Der Vorteil liegt darin, daß meist eine einzige Arbeitskraft zum Schneiden ausreicht, denn die Tafel ruht

Abb. 58. Zuschneiden von Blechtafeln (Bosch).

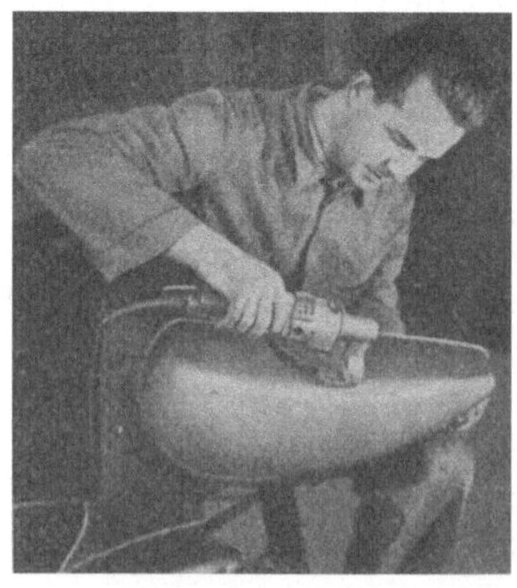

Abb. 59. Einschneiden einer Öffnung in ein gezogenes Blechformteil (Bosch).

auf dem Schneidbock, und die Schere wird lediglich den Schnittlinien entlang geführt. Natürlich sind auch Blechformteile bzw. zusammengeschweißte Behälter zu schneiden. Hier offenbart sich in besonderem Maße die freie Beweglichkeit der Elektroschere, denn hier muß sie in allen Stellungen arbeiten. Vielfach lassen sich Schneidarbeiten auch an Stellen ausführen, an die man mit der gewöhnlichen Handschere nicht herankommen kann. In der Einzelfertigung leistet die Elektroschere das Doppelte bis Dreifache der Handschere. So lassen sich beispielsweise Öffnungen in Blechrohre sehr schnell und genau einschneiden, nachdem vorher ein kleines Loch vorgeschlagen wurde. Die Abb. 57···59 zeigen einige Anwendungen der Elektrohandschere. Auch hier ließen sich noch viele weitere Beispiele aufführen.

20. Elektro-Blechstichsägen (Abb. 60) werden vorteilhaft überall dort verwendet, wo eine Blechschere infolge Art und Form des Werkstückes oder des

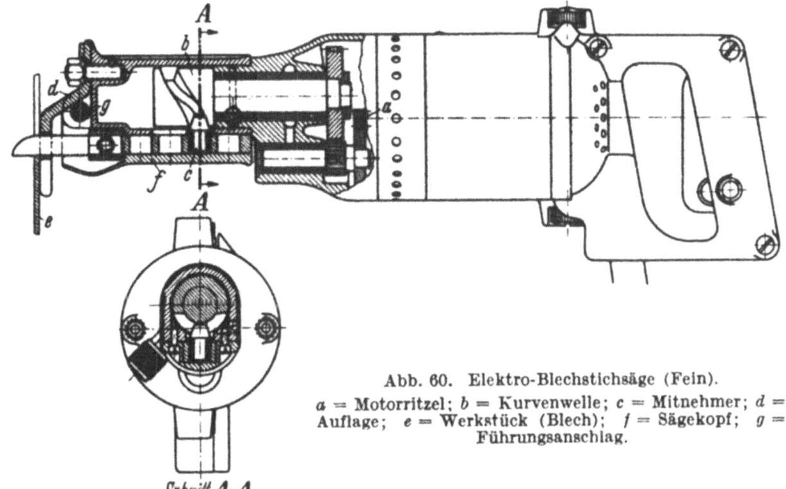

Abb. 60. Elektro-Blechstichsäge (Fein).
a = Motorritzel; b = Kurvenwelle; c = Mitnehmer; d = Auflage; e = Werkstück (Blech); f = Sägekopf; g = Führungsanschlag.

Schnittes nicht zu gebrauchen ist. In vielen Fällen greift man auch heute noch bei derartigen Arbeiten zu Bohrer, Hammer und Meißel. Es braucht nicht gesagt zu werden, wie mühsam und zeitraubend und damit auch unwirtschaftlich ein solches Verfahren ist. Fast immer aber wird eine mehr oder weniger starke Beschädigung des Arbeitsstückes besonders an lackierten Blechen nicht zu umgehen sein.

Bei richtiger Verwendung der Stichsäge dagegen wird ein vorhandener Lacküberzug auch in größter Nähe der Arbeitsstelle völlig unversehrt bleiben. Die Drehbewegung des Motors wird über Zahnradgetriebe auf die Kurvenwelle übertragen und durch den Mitnehmer in eine hin- und hergehende Bewegung des Sägeblattes umgewandelt. Die Motorleistung beträgt etwa 125 Watt bei rund 1000 Hüben des Sägeblattes in der Minute. Durch diese schnelle Bewegung der Säge wird ein sauberer Schnitt erreicht. Zu beachten ist, daß die Zähne (s. Abb. 60) nach dem Anschlag zu schneiden, so daß der Werkstoff an diese Auflage gepreßt wird. Daher muß beim

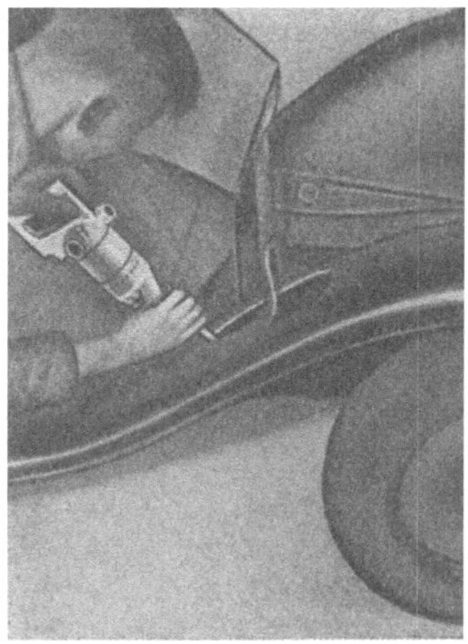

Abb. 61. Arbeit mit der Stichsäge an einem lackierten Blech (Fein).

Sägen ein leichter Druck auf das zu bearbeitende Werkstück ausgeübt werden. Bei Nichtbeachtung dieser Arbeitsweise gerät das Blech in Schwingungen, wodurch die Schneidleistung beeinträchtigt wird, außerdem besteht die Gefahr, daß die Sägenzähne ausbrechen und das Werkstück beschädigt wird. Kleine Stücke, die an sich leicht zum Mitschwingen neigen. müssen festgespannt werden. Das Sägeblatt wird ohne Bohrung durch ein Klemmstück auf dem geriffelten Ende des Halters festgehalten. Der Sägekopf ist als Handgriff ausgebildet und läßt sich um die Achse der Kurvenwelle drehen, so daß während der Arbeit die Schnittstelle in jeder Lage beobachtet werden kann. Eine Schmierung bzw. Kühlung während des Sägevorganges ist erforderlich und geschieht am einfachsten dadurch, daß man die vorgezeichnete Schnittlinie vor Beginn der Arbeit ölt. Verschiedene Auflagen und Führungsanschläge ermöglichen ein sauberes Arbeiten nach Anriß sowie an einem Ansatz oder einer Wulst entlang oder auch in einem Abstand parallel dazu.

D. Schnellfrequenzwerkzeuge.

21. Wirtschaftliche Verwendung. Die Schnellfrequenzwerkzeuge werden mit bestem wirtschaftlichen Erfolg in nachstehenden Fällen eingesetzt:

a) Bei Anlagen von fünf und mehr Werkzeugen, wenn die Werkzeuge intensiv verwendet und hochbeansprucht werden (Band- und Fließfertigung).

b) Bei umfangreichen Anlagen und mittlerer Beanspruchung der einzelnen Werkzeuge.

c) In Betrieben mit einer beliebigen Anzahl von Werkzeugen, die stoßweise angestrengt und unbedingt zuverlässig arbeiten müssen (z. B. Schwerindustrie).

d) Allgemein für jeden beliebigen Betrieb dann, wenn die Kosten für Abschreibung, Verzinsung und Instandhaltung der Allstrommaschinen einschließlich der Ersatzmaschinen größer sind als die entsprechenden Kosten der Schnellfrequenzanlage. Dabei sind auch die Kosten für Einsatzwerkzeuge zu berücksichtigen, die bei der Schnellfrequenzanlage höher sind, aber durch Ersparnis an Energie, Lohn und Lohnzuschlägen um ein Vielfaches wettgemacht werden.

Die Erfahrung hat jedoch gezeigt, daß es sich in vereinzelten Fällen sogar lohnt, nur 1···2 Allstrommaschinen bzw. Preßluftmaschinen durch Hochfrequenzwerkzeuge zu ersetzen.

22. Aufbau. Fast alle Schnellfrequenzwerkzeuge bestehen ebenfalls aus den drei Hauptteilen Motor, Schalter und Getriebe. Die Werkzeuge sind so durchgestaltet, daß einzelne Teile möglichst vielseitig verwendet werden können.

Abb. 62. Diesem Läufer (Rotor) verdankt das Schnellfrequenzwerkzeug sein geringes Gewicht, seine geringe Größe und seine hohe Betriebssicherheit (Bosch).

a) Der Motor besteht aus dem Gehäuse, dem Ständerpaket mit Wicklung und dem Läufer mit Lüfter und Kugellagern (Abb. 62). Das Ständerpaket sitzt auf Rippen im Gehäuse und ist durch mehrere Stiftschrauben gegen Verdrehen gesichert. Die Rippen bewirken, daß zwischen Ständerpaket und Gehäuse Kanäle bleiben, durch die die Kühlluft hindurchgesaugt wird und die durch die Stromwärme erhitzten Motorteile abkühlt. Die Läuferwelle trägt außer dem Läuferpaket, das auf die Riffelachse fest aufgepreßt ist, die Kugellager mit Fettfang- und Dichtungsscheibe und den Lüfter. Die Läuferkugellager sind der größeren Lebensdauer wegen mit Resitexkäfigen ausgeführt und können von außen während des Betriebes nachgeschmiert werden. Außerdem ist der fertig zusammengebaute Läufer sorgfältig dynamisch ausgewuchtet, so daß trotz der verhältnismäßig großen Läuferdrehzahl eine hohe Lebensdauer der Kugellager gewährleistet ist.

b) Der Lüfter besteht aus Aluminiumguß und ist zwischen Wicklung und Getriebe angeordnet. Die Kühlluft tritt am hinteren Maschinenende ein, umspült den hinteren Wickelkopf und das Ständerblechpaket, wird dann durch ein Windleitblech um den vorderen Wickelkopf herumgeführt, vom Lüfter erfaßt und aus der Maschine herausgepreßt. Auf die aus Sonderstahl hergestellte Läuferwelle ist auf der Getriebeseite das Ritzel aufgeschnitten.

c) Die Schalter aller Schnellfrequenzwerkzeuge sind als dreipolige Momentschalter ausgeführt. Die Maschine wird also während des Stillstandes vollständig spannungslos gemacht. Die Schalter besitzen kräftige und bequem zugängliche Anschlußbolzen und sind weitgehend gegen das Eindringen von Staub geschützt.

Kleinere Schnellfrequenzwerkzeuge können einen zweiten Schalter zum Umkehren der Drehrichtung erhalten, während die Schalter größerer Maschinen zum Teil unmittelbar als Umschalter ausgebildet sind. Sie sind so eingerichtet, daß die Umschaltung nur in der Ausschaltstellung vorgenommen werden kann, während beim Lauf eine mechanische Verriegelung ein Umschalten unmöglich macht. Kräftige Sechskantschrauben verbinden Getriebekasten und Spindellager mit dem Motorgehäuse. Die Zahnräder sind aus hochwertigem Sonderstahl hergestellt und in vielen Fällen, um den Zahndruck und das Laufgeräusch zu vermindern, mit Schrägverzahnung ausgeführt. Die Vorgelege bestehen aus einem Stück und sind bei kleineren Maschinen in Bronzegleitlagern, bei größeren, stärker beanspruchten in Rollenlagern gelagert.

23. Der Schnellfrequenzhandmotor (Abb. 63) mit einer Leistung von etwa 100 bis 200 Watt wird für Bohr-, Fräs- und Verputzarbeiten mit Werkzeugen bis 6 mm

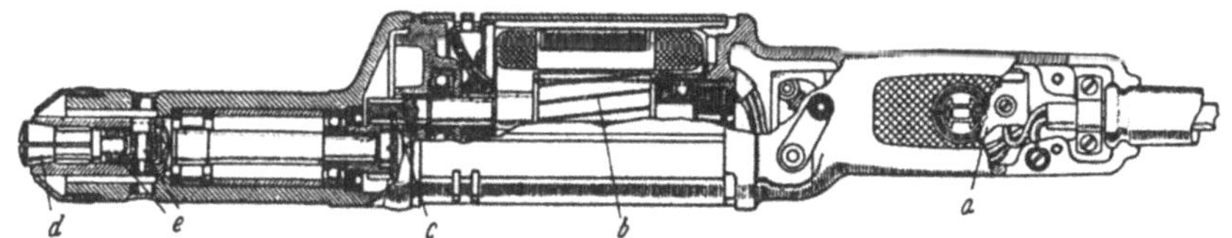

Abb. 63. Schnellfrequenzhandmotor (Bosch).
a = Momentschalter; b = Kurzschlußanker; c = Antriebsritzel; d = Spannzange; e = Spannhülse und Exzenterbolzen.

Schaftdurchmesser verwendet. Gewöhnlich werden 150 bzw. 200 Per/s bei 200 bzw. 245 Volt Betriebsspannung bevorzugt, der Motor wird aber auch für 200 Per/s bei 72 Volt Betriebsspannung gebaut. Bei dieser Ausführung, die vor allem im Flugzeugbau Verwendung findet, beträgt die Gefahrenspannung nur 42 Volt (vgl. Abschn. 6).

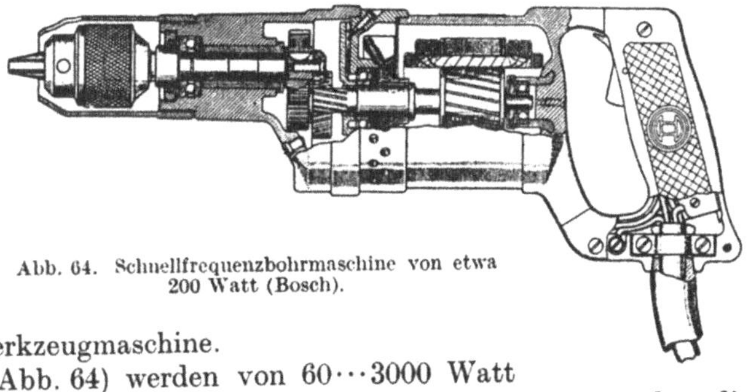

Zusatzvorrichtungen, wie Ständer, Halter, Winkelköpfe usw., machen diese Werkzeuge zu unentbehrlichen Helfern am Fließband und sparen manche teure Werkzeugmaschine.

Abb. 64. Schnellfrequenzbohrmaschine von etwa 200 Watt (Bosch).

24. Bohrmaschinen (Abb. 64) werden von 60···3000 Watt Leistungsaufnahme hergestellt. Bis zu 10 mm Bohrerdurchmesser werden die Maschinen mit Dreibackenfutter, bis 70 mm Durchmesser mit Morsekegel geliefert. Da die Bohrerfutter innerhalb einer stillstehenden Schutzhülse laufen, kann die Maschine unmittelbar in der Nähe des Werkzeuges gehalten und geführt werden. Die Drehzahlen sind im allgemeinen so bemessen, daß sich bei dem größten zulässigen Bohrerdurchmesser eine Schnittgeschwindigkeit von etwa 30 m/min ergibt. Größere Maschinen (Abb. 65) werden zum Bohren, Aufreiben und Gewindeschneiden, besonders im Eisenhoch- und Brückenbau sowie im Schiffs- und Großmaschinenbau verwendet. Der Schalter ist im Stangengriff der Werkzeuge angeordnet und als Schalter für Rechts- und Linkslauf ausgebildet. Infolge ihrer gleichbleibenden Drehzahl und erhöhten Durchzugskraft können die Arbeitszeiten um 30···40% verkürzt werden, was beim heutigen Arbeitskräftemangel von allergrößter Bedeutung ist.

Schnellfrequenz - G e w i n d e s c h n e i d e r schneiden Gewinde bis 120 mm Durchmesser. Dabei schützt eine eingebaute S i c h e r h e i t s - k u p p l u n g bei den häufig auftretenden hohen Drehmomenten Mensch, Werkzeug und Maschine vor Schaden. Schnellfrequenz - R o h r - w a l z e r gestatten Rohre bis 200 mm l. W. auszuwalzen.

25. **Schnellfrequenzschleifer, Polierer, Scheren.** H a n d s c h l e i f e r (Abb. 66) für Schleifscheiben von 10···200 mm Durchmesser,

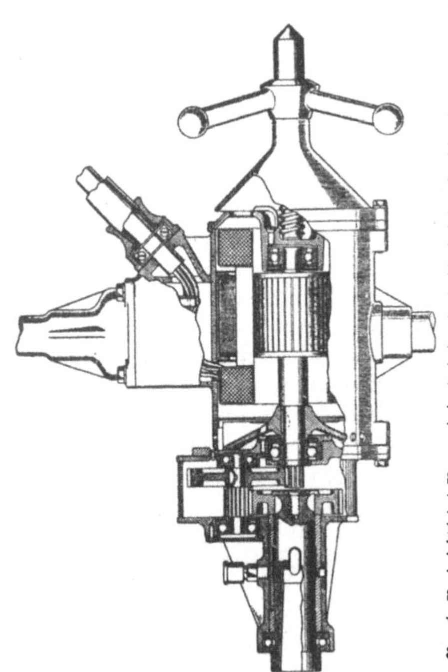

Abb. 65. Schnellfrequenzbohrmaschine von etwa 2000 Watt (Bosch).

bakelit- und keramisch gebunden, arbeiten sauber und schnell in Stahl, Guß-

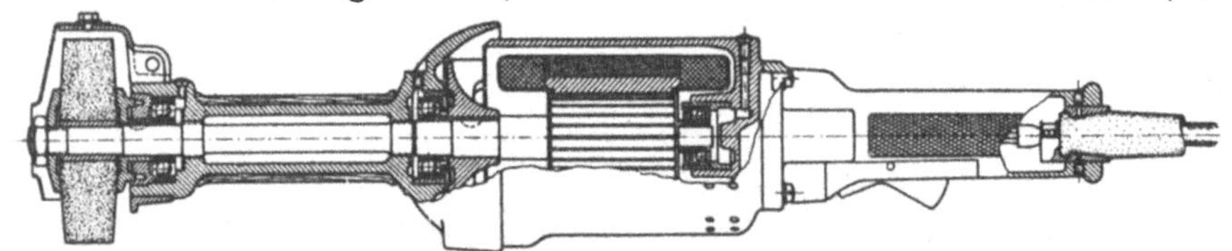

Abb. 66. Schnitt durch einen Schnellfrequenzschleifer (Bosch).

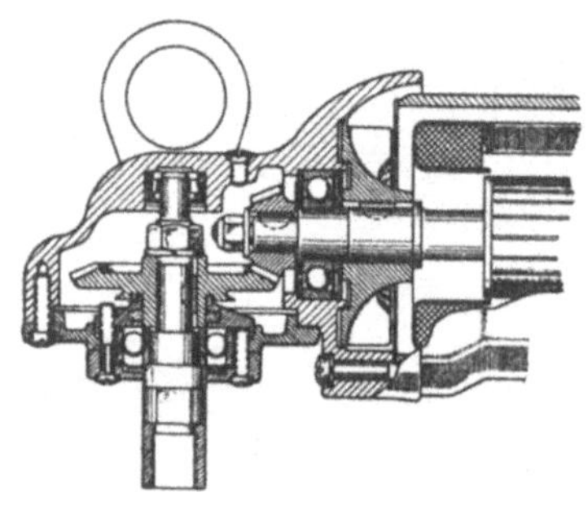

Abb. 67. Winkeltellerschleifer (Bosch).

eisen usw. Ihr ruhiger, erschütterungsfreier Lauf, ihre hohe gleichbleibende Drehzahl, ihr sauberer Schnitt erhöhen die Arbeitsgüte und die Arbeitsfreude, sie steigern die Leistung um 40···50%. In einem Betriebe, in dem seither beispielweise zehn Maschinen arbeiteten, kommt man heute mit sechs Maschinen aus. Arbeitskräfte werden gespart und für andere Arbeiten frei.

Schnellfrequenz-Tellerschleifer und Winkeltellerschleifer (Abb. 67) eignen sich zum Ebenschleifen großer Metallflächen (z. B. im Karosseriebau), zum Gußputzen, zum Bürsten, zum Raspeln und ähnlichem. Auch hier kann die Arbeitsleistung erheblich gesteigert werden.

Schnellfrequenz-Lackpolierer (vgl. Abschn. 18) zum Spachtelschleifen, Vorpolieren und Hochglanzpolieren von lackierten Flächen sind vor allem gut geeignet wegen ihrer gleichbleibenden Drehzahl, die für solche Arbeiten sehr wichtig ist. Schnellfrequenz-Ventileinschleifer mit Schwinghebelgetriebe werden zum Einschleifen von Ventilen bis 80 mm Durchmesser im Kraftfahrzeug- und Flugzeugmotorenbau verwendet.

Schnellfrequenz-Blechscheren mit Tisch für Rohr- und Plattenschnitt schneiden Bleche bis 2 mm, Leder, Sperrholz, Drahtgewebe gratfrei und genau nach Anriß (vgl. Abschn. 19).

26. Schnellfrequenzschrauber (Abb. 68) zum Einziehen von Holz- und Metallschrauben (bis Arbeitsdurchmesser M 18) besitzen eine neuartige Drehschlagrollenkupplung. Sie gestattet es, Tausende von Schrauben mit einem einmal

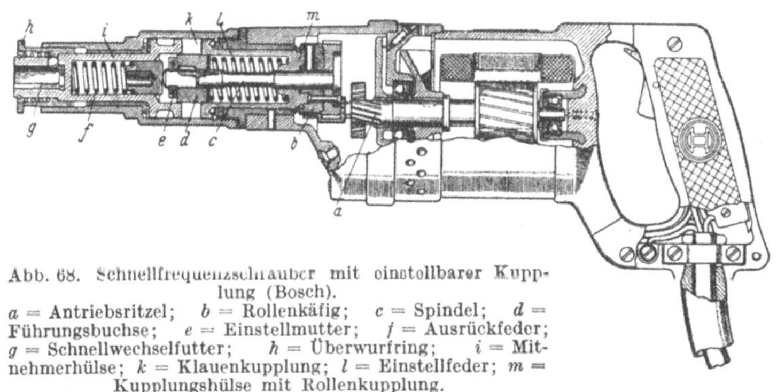

Abb. 68. Schnellfrequenzschrauber mit einstellbarer Kupplung (Bosch).
a = Antriebsritzel; b = Rollenkäfig; c = Spindel; d = Führungsbuchse; e = Einstellmutter; f = Ausrückfeder; g = Schnellwechselfutter; h = Überwurfring; i = Mitnehmerhülse; k = Klauenkupplung; l = Einstellfeder; m = Kupplungshülse mit Rollenkupplung.

eingestellten und genau festgelegten Drehmoment ein- und im gleichen Arbeitsgang völlig festzuziehen.

Der Schraubvorgang kann in vier Abschnitte unterteilt werden:

a) das Ansetzen des Werkzeuges,

b) das Einziehen der Schraube,

c) das Festziehen der Schraube bei gleichzeitigem Begrenzen des Drehmomentes,

d) das Zurückziehen des Werkzeuges.

Die Lösung der hiermit gestellten Aufgabe wurde durch eine Dreiteilung der Arbeitsspindel erreicht, wobei die einzelnen Abschnitte durch zwei Kupplungen k und m miteinander verbunden sind.

Das Mittelstück der Spindel ist im Spindelhals des Getriebekastens in einer Bronzebuchse gelagert. Gegen axiales Verschieben ist diese Kupplungshülse m auf der Getriebeseite durch einen Sprengring mit Druckscheibe gesichert, während auf der Werkzeugseite, also außerhalb des eigentlichen Getriebes, eine in einer V-Nut sitzende Kugelreihe den beim Arbeiten auftretenden Axialdruck aufnimmt. Die Kupplungshülse trägt bei k drei Kupplungsklauen besonderer Form, während die Gegenseite mit zwei sehr kräftigen senkrechten Mitnehmerklauen ausgerüstet ist. In der Kupplungshülse wiederum ist das Spindelrad drehbar und axial verschiebbar gelagert. Es ist zusammen mit dem Rollenkäfig b an eine Spindel genietet, welche durch die Bohrung der Kupplungshülse ragt. Das freie Ende der Spindel besitzt ein Gewinde. In den drei radialen Bohrungen des Käfigs, der zwischen Zahnrad und Kupplungshülse sitzt, liegen, gegen Herausschleudern gesichert, drei Stahlrollen, welche das Drehmoment vom Motor auf die Schraube zu übertragen haben. In dem ringförmigen Raum zwischen Kupplungshülse und Zahnradspindel liegt eine Schraubenfeder l, welche sich an der Getriebeseite gegen die Kupplungshülse, an der Werkzeugseite unter Zwischenschaltung einer Führungsbuchse gegen die Einstellmutter *e* legt. Die Feder drückt die Rollen fest gegen die Kupplungshülse. Ihre Spannung kann mit Hilfe der Mutter *e* beliebig eingestellt werden. Außerhalb des eigentlichen Getriebes bildet eine Mitnehmerhülse *i* die Fortsetzng der Arbeitsspindel. Sie ist in einer an den Spindelhals des Getriebekastens anschraubbaren Führungshülse gelagert.

Ihre dem Getriebe zugekehrte Stirnseite trägt die beiden Gegenklauen zu den bereits obenerwähnten Klauen *k* der Kupplungshülse. Die andere Seite, welche aus der Maschine herausragt, ist zur Aufnahme der Werkzeugeinsätze, Schraubenzieherklingen oder Sechskantschlüssel eingerichtet. Die Mitnehmerhülse besitzt zu diesem Zweck eine Sechskantbohrung. Die entsprechenden Sechskantschäfte der Werkzeugeinsätze haben nahe ihrem Ende eine ringförmige Nut, in die beim Einsetzen eine Kugel tritt, welche das Herausfallen des Einsatzes verhindert. Um einen Schlüssel einzusetzen, verschiebt man den abgefederten Überwurfring *h* der Mitnehmerhülse so weit, bis die erwähnte Kugel in eine Aussparung des Ringes treten kann und so das Profil der Sechskantbohrung freigibt. Hierauf führt man den Schlüssel bis zum Anschlag ein und läßt den Überwurfring zurückgleiten. Die Kugel tritt nun in die Ringnut des Schlüsselschaftes und hält ihn fest. Mitnehmerhülse und Kupplungshülse werden während der Arbeitspausen durch die Ausrückfeder *f* außer Eingriff gehalten.

Das Einziehen einer Schraube geht folgendermaßen vor sich:

Nach dem Aufsetzen des noch stillstehenden, im Futter *g* sitzenden Sechskantschlüssels (bzw. der Schraubenzieherklinge) auf die einzuziehende Schraube wird durch Axialdruck die Mitnehmerhülse mit der bereits vom Motor angetriebenen Kupplungshülse bei *k* in Eingriff gebracht. Das zum Spindelrad kommende Drehmoment kann also jetzt über die Kupplungshülse, die Mitnehmerhülse und den Schlüssel auf die Schraube übertragen werden, so daß diese eingezogen wird. Sobald die Schraube festsitzt, steigt das Drehmoment erheblich an. Die Rollen der Überlastungskupplung rollen nun an den Flanken der Kupplungsklauen bei *m* empor und gelangen schließlich auf deren Stirnfläche. Hierbei hat sich das Spindelrad samt Spindel um die Höhe der Kupplungsklauen gegen die Kraft der Feder *l* in Richtung des Motors verschoben. Sobald die Rollen auf der Stirnfläche der Kupplungsklauen angelangt sind, finden sie keinen Widerstand mehr, während der von der Schraube einer weiteren Drehung entgegengesetzte Widerstand noch besteht. Die Mitnehmerhülse bleibt also stehen, während das Spindelrad samt Rollenkäfig weiterläuft, bis die Rollen durch den Druck der Feder in den nächsten Zwischenraum zwischen zwei Kupplungsklauen treten. Sie laufen hier weiter bis zur Berührung mit den Klauen. Da aber die Schraube festsitzt, so wiederholt sich das Spiel von neuem, bis schließlich durch Zurückziehen der Maschine Mitnehmerhülse und Kupplungshülse außer Eingriff gebracht werden. Da die Rollenkupplung mit ihren drei Rollen in ganz kurzen Zeitabschnitten ausrastet (z. B. bei 800 U/min = 2400 Rastungen/min, d. h. $^1/_{40}$ s/Rastung), wird die Schraube innerhalb kürzester Zeit vollkommen festgehämmert. Die Kupplung wird für verschiedene Schraubendurchmesser durch Verändern der Vorspannung der Feder *l* mit der Mutter *e* eingestellt. Da die Drehzahl der Metallschrauber (800 U/min) im allgemeinen zum Einziehen von Holzschrauben zu hoch ist, wurden langsam laufende Schrauber entwickelt, welche sich im übrigen kaum von den Metallschraubern unterscheiden. Ermüdung und Unachtsamkeit des Arbeitenden spielen keine Rolle mehr. Ein Nachziehen von Hand ist nicht erforderlich. Teure Prüferkosten werden gespart. Was an Zeit und Lohn durch den Einsatz dieser Werkzeuge eingespart werden kann, sei an einem kleinen Beispiel kurz erläutert.

In einer Motorenfabrik werden durch den Einsatz von Schraubern je Motor

50 Minuten gespart. Bei einer täglichen Erzeugung von 400 Motoren, 300 Arbeitstagen im Jahr und einem Stundenlohn von 1,50 RM. einschließlich sozialer Abgaben ergibt dies rund 150000 RM. Lohnersparnis im Jahr. Dabei betragen die Anschaffungskosten der Schnellfrequenzanlage noch nicht einmal 10000 RM. Außerdem wird durch den einfachen und betriebssicheren Aufbau und die elegante Arbeitsweise ein einwandfreier Arbeitsfluß gewährleistet, Betriebsausfälle und Kosten werden verringert. Durch geschickte Anordnung der Schrauber in Ständern und Haltern kann auch erheblich an Platz gespart werden, was bei dem allgemeinen Raummangel von nicht zu unterschätzender Bedeutung ist.

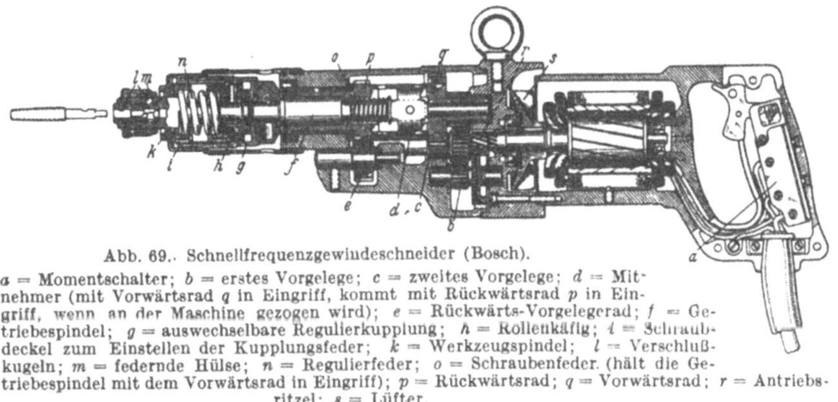

Abb. 69. Schnellfrequenzgewindeschneider (Bosch).

a = Momentschalter; b = erstes Vorgelege; c = zweites Vorgelege; d = Mitnehmer (mit Vorwärtsrad q in Eingriff, kommt mit Rückwärtsrad p in Eingriff, wenn an der Maschine gezogen wird); e = Rückwärts-Vorgelegerad; f = Getriebespindel; g = auswechselbare Regulierkupplung; h = Rollenkäfig; i = Schraubdeckel zum Einstellen der Kupplungsfeder; k = Werkzeugspindel; l = Verschlußkugeln; m = federnde Hülse; n = Regulierfeder; o = Schraubenfeder (hält die Getriebespindel mit dem Vorwärtsrad in Eingriff); p = Rückwärtsrad; q = Vorwärtsrad; r = Antriebsritzel; s = Lüfter.

27. Schnellfrequenz-Stehbolzenschrauber und Gewindeschneider (Abb. 69), die mit ähnlicher Kupplung wie die Schrauber, außerdem mit mechanischem Umkehrgetriebe ausgerüstet sind, werden im Motoren- und Getriebebau zum Schneiden von Durchgangs- und Sackgewinden und zum Einziehen von Stehbolzen bis 1 Zoll Durchmesser verwendet. Sie werden häufig in Hilfsvorrichtungen eingebaut und als Ersatz für große, teure und nicht ausgenützte Schwenkbohrmaschinen eingesetzt. Auch hier lassen sich neben den erheblichen Ersparnissen bei der Anschaffung Zeit- und Lohnersparnisse erreichen.

28. Schlußbemerkungen. Über Behandlung, Wartung und Instandhaltung ist das Wesentliche schon früher gesagt. Zur Schonung der Werkzeuge sind geeignete Aufhänge- und Ablegevorrichtungen vorteilhaft. Die Steckdosen sind möglichst so anzubringen, daß die Anschlußkabel nicht auf dem Boden schleifen. In regelmäßigen Abständen sollen die maschinellen Handwerkzeuge durch sachkundige Kräfte eingehend geprüft werden. Fehler, die zu Betriebsstörungen Anlaß geben könnten,

Abb. 70. Abfräsen von Kupferstehbolzen mit Schnellfrequenz-Bohr- und Aufreibemaschine im Lokomotivkesselbau (Bosch).

werden so meist schon vorher behoben. Die jedem Werkzeug beigegebenen Behandlungsvorschriften vor allem hinsichtlich der Reinigung und Nachschmierung der Kugellager und Getriebe sind genauestens zu befolgen.

Abb. 71. Abschleifen von Schweißnähten an Rahmen (Bosch).

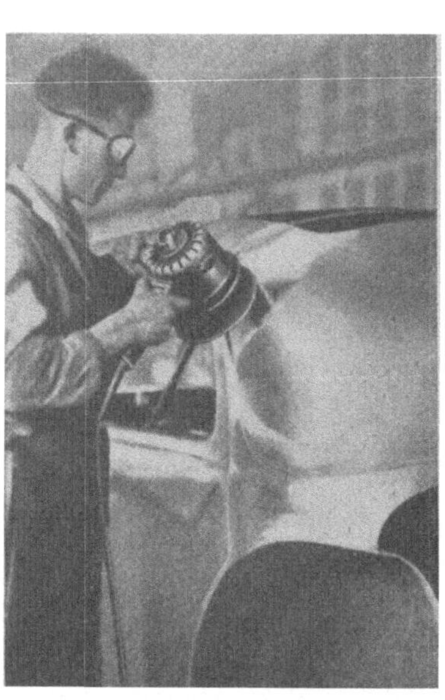

Abb. 72. Vor dem Grundieren erhält die Karosserie den letzten Schliff mit dem Schnellfrequenztellerschleifer (Bosch).

Die Abb. 70···72 zeigen noch einige Anwendungen der Schnellfrequenzwerkzeuge.

E. Elektrohämmer.

29. Allgemeines. Einen besonderen Raum unter den Elektrowerkzeugen nehmen die elektrischen Hämmer ein. Die Eigenart ihrer Arbeitsweise, nämlich die Ausführung schlagender Bewegungen, haben ihnen einen eigenen Platz vorbehalten, obwohl sie nach ihrer Bauart teils zu der Gruppe der Universal-Elektrowerkzeuge, teils zu den Hochfrequenzwerkzeugen gerechnet werden könnten. Teilweise fallen sie allerdings, wie wir sehen werden, auch unter keine dieser beiden Gruppen. Das Bestreben, auch die Schlagarbeit, zu der noch heute in starkem Maße der Handhammer verwendet wird, durch ein elektrisch betriebenes Gerät auszuführen, geht sehr weit zurück. Wenn trotzdem wenig brauchbare elektrische Geräte dieser Art auf den Markt gekommen sind, so beweist diese Tatsache, daß zur Lösung der Aufgabe große Schwierigkeiten zu überwinden waren. Viele Patente sind angemeldet und erteilt worden, aber nie zur Ausführung gelangt. Es ist verständlich, daß bei der Schlagarbeit die Beanspruchung der bewegten Teile besonders groß ist, und ein einwandfreies Erzeugnis muß daher neben einer hervorragenden Konstruktion sorgfältigste Fertigungsverfahren und die Verwendung hochwertigster Werkstoffe zur Grundlage haben. Bei der praktischen Ausführung elektrischer Hämmer stellte es sich vor allem heraus, daß es sehr schwer war, die Schlagleistung der Geräte in ein tragbares Verhältnis zu ihrem Gewicht zu bringen. Außerdem hatten sie eine viel zu kurze Lebensdauer. Erwähnt seien z. B. Hämmer mit Kegelradgetriebe und solche, bei denen der Schläger den Weg einer feststehenden Leitkurve beschreibt.

In der Entwicklung und Konstruktion der Hämmer lassen sich **zwei** grundsätzlich verschiedene Wege erkennen. Einmal wird die Drehbewegung eines Elektromotors durch ein mechanisches Getriebe in eine hin- und hergehende Bewegung des Hammerbärs oder Schlägers umgewandelt. Ein derartiges „elektromechanisches" Gerät wird im Abschn. 30 beschrieben. Der andere Weg, der bei der Entwicklung der Elektrohämmer verfolgt wurde, ist der, einen Eisenkern in oder zwischen ein oder zwei Magnetspulen hin- und herzubewegen. Auch diese Art, die man mit „elektromagnetisch" bezeichnet, ist heute einwandfrei durchkonstruiert und soll anschließend behandelt werden; es kann in der Regelausführung nur von der Wechselstromleitung gespeist werden und arbeitet mit Umformer und Gleichrichter.

30. Elektromechanische Hämmer. Abb. 73 zeigt einen elektromechanischen Hammer, der mit einem Allstrommotor ausgerüstet ist und für alle gängigen Spannungen geliefert wird. Bezüglich Ausbildung des Motors und Pflege der Maschine hat das unter „Universalwerkzeugen" Gesagte im wesentlichen ebenfalls Gültigkeit. Aufbau und Wirkungsweise dieses Hammers weichen grundlegend von

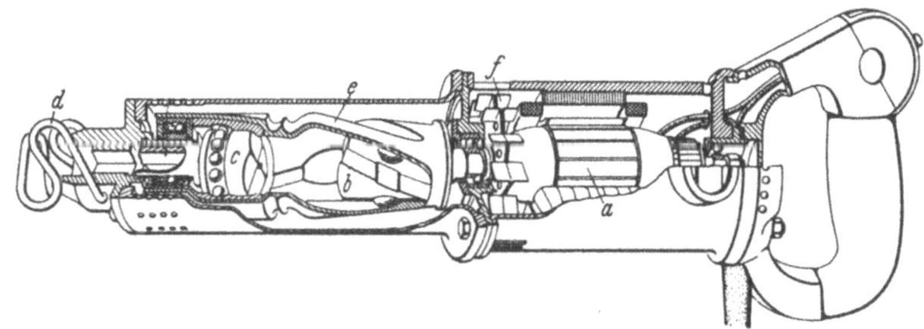

Abb. 73. Elektrohammer mit Universalmotor (Bosch).
a = Motoranker; b = Schläger; c = Schlagstock; d = Haltebügel; e = Ankerhülse, f = Lüfter.

älteren Ausführungen ab. Schon in der Konstruktion sind völlig neue Wege beschritten worden.

Beschreibung: Mit dem Anker a des Motors fest verbunden ist die Ankerhülse e, die gleichzeitig den Lüfter f trägt. In der Ankerhülse liegt längs beweglich der Schläger b. In diesem Schläger sind in besonderen Kugeltaschen Kugeln derart am Umfang angeordnet, daß sie zu einem geringen Teil aus der Tasche herausragen. Der herausragende Teil der Kugeln greift in Nuten der Ankerhülse ein. Die Nuten sind nach vorn, d. h. in Richtung des Werkzeuges tiefer und haben einen leichten Drall. Dreht sich nun die Ankerhülse und mit ihr der Schläger, so streben die im Schläger gelagerten Kugeln infolge der Fliehkraft nach außen und laufen in die tiefste Stelle der Drallnuten. Dadurch ziehen sie den Schläger, aus dem sie ja nicht entweichen können, mit nach vorn. Der Schläger, der vorn mit Schrägflächen ausgebildet ist, trifft auf die ebenfalls schrägen Flächen des Schlagstockes auf, und gibt diesem, der den Schaft des Werkzeuges aufnimmt, einen starken Drallschlag, der sich somit unmittelbar auf das Werkzeug überträgt. Durch den natürlichen Rückstoß, sowie die Hemmung der Drehbewegung des Schlägers beim Auftreffen auf die Schrägflächen des Schlagstockes läuft der Schläger in den Nuten der Ankerhülse wie in einem Schraubengewinde zurück. Infolge der Verjüngung der Nuten nach hinten werden die Kugeln entgegen dem Einfluß ihrer Fliehkraft wieder tiefer in die Kugeltaschen hineingedrückt, so daß der Rückstoß des Schlägers weich aufgefangen wird und das Spiel von neuem beginnen kann.

Der große Vorteil dieser Ausführung besteht darin, daß sich infolge des beschriebenen Drallschlages beim Arbeiten mit „Bohrern" das Werkzeug selbsttätig dreht, wodurch eine erhebliche Erleichterung in der Herstellung von Bohrungen in Gestein erreicht wird. Mit dem gleichen Hammer können aber auch Meißel-arbeiten ausgeführt werden, bei denen eine Drehbewegung des Werkzeuges nicht erwünscht ist. In diesem Falle ist der Schaft der Meißelwerkzeuge, der in den Hammer eingeführt wird, mit einem zweiten Vierkant versehen. Dieser zweite Vierkant greift in einen Vierkant des Hammergehäuses ein und hindert das Werk-zeug an der Drehbewegung. Der beschriebene Hammer fängt erst mit dem Augen-blick an zu schlagen, in dem das Werkzeug gegen das Werkstück bzw. den zu be-arbeitenden Werkstoff gedrückt wird. Nach dem Absetzen des Hammers hört das Schlagen selbsttätig auf.

Die technischen Daten des abgebildeten Hammers (Abb. 73) sind folgende:

Gewicht	5,3 kg
Leistungsaufnahme	400 Watt
Motordrehzahl bei Vollast	11000 U/min
Schlagzahl/min	1500···5000
Einzelschlagenergie bis	0,5 mkg.

Die Schlagzahl paßt sich der Härte des Werkstoffes an, d. h. bei Bearbeitung weicher Werkstoffe gibt das Gerät leichte, dafür aber mehr Schläge ab und ent-sprechend bei harten Stoffen weniger kräftige Schläge.

31. Elektromagnetische Hämmer. Die bisher unbefriedigenden Ergebnisse bei der Herstellung von elektromagnetischen Schlaggeräten lag besonders darin, daß über die Leistungsumsetzung in den Spulen keine genügende Klarheit bestand. Auf Grund planmäßiger Untersuchungen ist nun ein Elektrohammer nach der schon seit langem bekannten Bauart mit zwei Magnetspulen hergestellt, bei dem durch genaue Abstimmung der mechanischen, elektrischen und magnetischen Größen die beste Schlagleistung bei geringstem Gewicht und kleinsten Verlusten erreicht wird. Die Leistungsaufnahme beträgt 200 Watt, die mittlere Schlagzahl etwa 1500/min, das Hammergewicht 5,5 kg und das des Tragkastens, in dem Umformer und Gleich-richter untergebracht sind, 13,8 kg.

Der Aufbau ist aus der Abb. 74 ersichtlich. Der Magnetanker, der gleichzeitig als Hammerschläger dient, gleitet in einer Novotext-Führungshülse. Die Kraft-

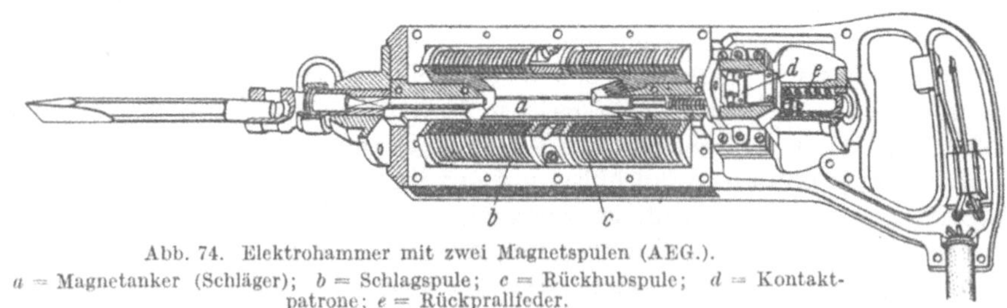

Abb. 74. Elektrohammer mit zwei Magnetspulen (AEG.).
a = Magnetanker (Schläger); b = Schlagspule; c = Rückhubspule; d = Kontakt-patrone; e = Rückprallfeder.

impulse für die hin- und hergehende Bewegung erhält der Schläger a durch zwei Magnetspulen, die in ein lamelliertes Eisengehäuse eingebaut sind. Schlagspule b und Rückhubspule c werden von einer durch den Hammerschläger selbst gesteuerten Umschaltvorrichtung, der sog. Kontaktpatrone d, wechselweise ein- und aus-geschaltet. Der massive, zur Verminderung der Wirbelstromverluste mehrfach geschlitzte Schläger, wird mit großer Geschwindigkeit auf das eingesetzte Werk-zeug zu bewegt. Nach Abgabe seiner Bewegungsenergie an das Werkzeug prallt er mit einem — je nach dem zu bearbeitenden Werkstoff mehr oder weniger elastischen — Stoß zurück und wird durch die Rückhubspule wieder hochgehoben. Der Schläger wird durch eine Rückprallfeder elastisch aufgefangen, betätigt die

Umschaltvorrichtung und wird durch die Schlagspule in umgekehrter Richtung wieder beschleunigt. Wie schon oben erwähnt, darf das Gerät nur mit Wechselstrom (Lichtnetz) betrieben werden.

In einem Tragkasten, der gleichzeitig als Aufbewahrungsbehälter für Werkzeug, Zuleitungsschnur u. a. dient, sind Umformer und Selen-Trockengleichrichter untergebracht. Die Netzspannung wird auf etwa 36 Volt Gleichspannung umgeformt. Diese niedrige Spannung hat den Vorteil, daß die Magnetspulen sehr kräftig und stoßunempfindlich ausgeführt werden können. Auch die Lebensdauer der Kontaktpatrone ist dadurch wesentlich größer. Der Gleichstromhammer kann seine Schlagzahl den jeweiligen Arbeitsbedingungen anpassen und ist nicht wie elektromagnetische Wechselstromhämmer an die starre Netzfrequenz gebunden. Ein Vorteil, der sich bei der Bearbeitung verschiedenartiger Werkstoffe, wie z. B. beim Meißeln von Stahl und Sandstein bemerkbar macht.

Die Wartung des Gerätes ist sehr einfach, da keine umlaufenden Teile, Lager und Dichtungen vorhanden sind. Die verwendeten Teile sind verschleißfest und den rauhen Arbeitsbedingungen des Gerätes angepaßt. Durch ein zweiteiliges Gehäuse aus Leichtmetall wird der Hammer nach außen vollständig staubdicht abgeschlossen. Beim Betrieb, besonders beim Auswechseln der Werkzeuge, ist darauf zu achten, daß kein Schmutz oder gar Sand in die Gleitführungen des Werkzeughalters im Hammerkopf eindringen kann. Beim Arbeiten ist ein übermäßiges Andrücken zwecklos, das Werkzeug muß ruhig stehen und darf nicht zurückspringen. Nach etwa 400 Betriebsstunden ist die Kontaktpatrone gegen eine neue auszuwechseln.

32. Anwendungsgebiete der Elektrohämmer. Die Anforderungen, die in der Praxis an maschinell betriebene schlagende Werkzeuge im allgemeinen gestellt werden, sind sehr hoch. Vielfach herrschte bisher der Gedanke vor, derartige Geräte nur dort einzusetzen, wo es fast unmöglich schien, die gestellten Aufgaben durch Handarbeit zu erledigen. Diese Anschauungen mußten bei der Einführung der elektrischen Hämmer beseitigt werden, und man kann wohl sagen, daß dies in vollem Umfange gelungen ist. Die Anwendungsgebiete der heute auf dem Markt befindlichen Geräte sind bereits so vielseitig, daß sie hier nicht alle genannt werden können. Außerdem ergeben sich ständig neue Verwendungsmöglichkeiten.

Das weitaus größte Anwendungsgebiet haben die elektrischen Hämmer in der Gesteinsbearbeitung gefunden, und hier vor allem wieder im Hochbau. Vielfach wurde nicht nur eine wesentliche Zeitersparnis gegenüber Handarbeit, sondern auch eine sauberere Arbeit erzielt. Die Gebäude werden infolge der vielen

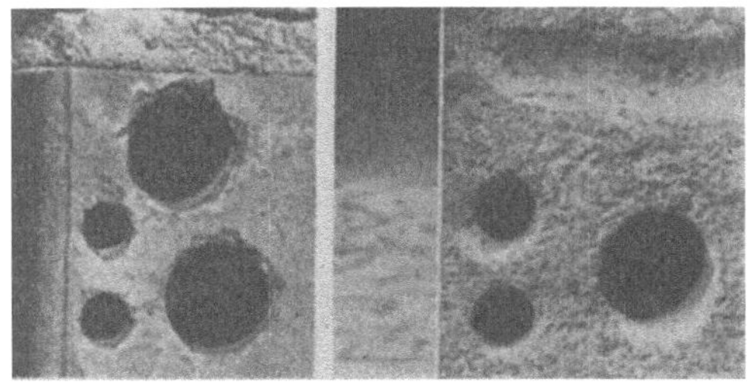

Abb. 75. Mit dem elektromechanischen Hammer ausgeführte Bohrlöcher in Beton und Ziegelstein (Bosch).

gleichmäßigen Schläge, die die Hämmer abgeben und die von Hand nicht in gleicher Weise ausgeführt werden können, geschont. In Abb. 75 sind z. B. Bohrlöcher in Beton und Ziegelstein dargestellt. Wenn man diese Löcher von Hand schlagen wollte, so würde zweifellos das Gestein seitlich ausbrechen. Derartige Löcher im Mauerwerk sind immer wieder für die verschiedensten Verankerungen, sei es von Lichtleitungen, Rohrleitungen aller Art, Heizkörpern, Behältern, Balken usw. notwendig. Decken- und Wanddurchbrüche, die bisher mit dem

Handhammer geschlagen wurden und unsaubere, ungenaue und meist viel zu große Löcher ergaben, werden heute mit mechanischem Hammer gebohrt. Größere Durchbrüche, die Herstellung von Schlitzen in Mauerwerk für Leitungen und Rohre, das Abschlagen von Putz und dergleichen werden heute mit Meißelwerkzeugen ausgeführt. Weiterhin wird mit elektrischen Hämmern gestockt, d. h. es werden

Abb. 76. Bohren in Mauerwerk (AEG.).

Betonflächen, die aus der Verschalung kommen, aufgerauht, so daß eine gleichmäßige saubere Fläche entsteht.

Zum Stampfen eignen sich die Geräte vor allem in der Kunststeinfabrikation. Schaufeln als Einsatzwerkzeuge benötigt man beim Tonstechen und z. B. Ausschachtarbeiten. Als letztes Arbeitsgebiet sei Rütteln genannt, ein Verfahren, das sich in letzter Zeit sowohl im Betonbau wie auch in der Kunststeinindustrie mehr und mehr durchsetzt. Bei dieser Arbeit wird der

Abb. 77. Bohren von Ankerlöchern in Beton (Bosch).

Abb. 78. Ausmeißeln eines Kabelschlitzes (AEG.).

Abb. 79. Meißelarbeit an einem Formkunststein (Bosch).

Hammer unter Zwischenschaltung eines stumpfen Werkzeuges gegen die Verschalung bzw. Verkleidung gedrückt und der Werkstoff durch die vielen Schläge kräftig gerüttelt, so daß er um meist $10\cdots15\%$ zusammensinkt und dadurch ein festes Gefüge ergibt. Die Verwendung der Hämmer zum Bearbeiten von Metall ist noch nicht sehr groß. In gewissem Umfange werden sie aber auch dort zum Meißeln, Nieten, Gußputzen u. dgl. eingesetzt. Die Abb. $76\cdots81$ zeigen einige Anwendungsbeispiele.

Abb. 80. Meißelarbeit an einem Eisenblech (Bosch).

Abb. 81. Putzen von Gußteilen (AEG.).

Schnellfrequenzhämmer in zwei verschiedenen Ausführungen werden mit Erfolg in Gießereien, hauptsächlich zum Verputzen und Entgraten verwendet.

II. Preßluftwerkzeuge.

A. Preßluftanlagen.

33. Die Erzeugung der Druckluft kann in Gebläsen, Kompressoren oder Pumpen durch Verdichtung der atmosphärischen Luft erfolgen. Von der ausgedehnten Anwendung der Druckluft in den verschiedensten Zweigen der Industrie sei hier nur die Verwendung zur Betätigung von maschinellen Handwerkzeugen behandelt. Ebenso sollen aus der Vielzahl der zur Erzeugung der Druckluft vorhandenen Maschinen nur die Kompressoren mit hin- und hergehendem Kolben etwas eingehender beschrieben werden.

Für alle Preßluftwerkzeuge ist der der Konstruktion und Leistung zugrunde liegende Betriebsdruck $7\ \mathrm{kg/cm^2}$ absolut (ata) oder $6\ \mathrm{kg/cm^2}$ Überdruck (atü).

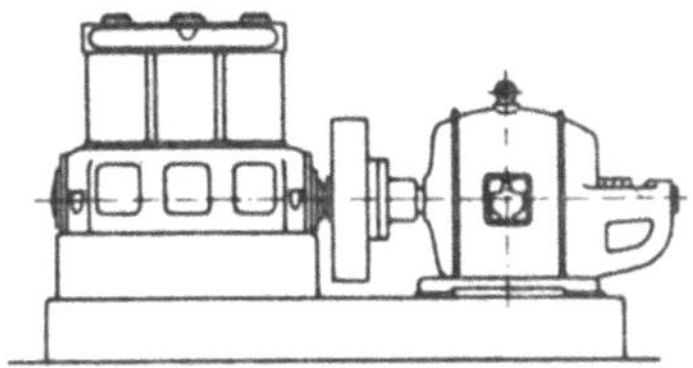

Abb. 82. Einstufiger Kompressor mit Antriebsmotor (Frankfurter Maschinenbau AG., FMA.).

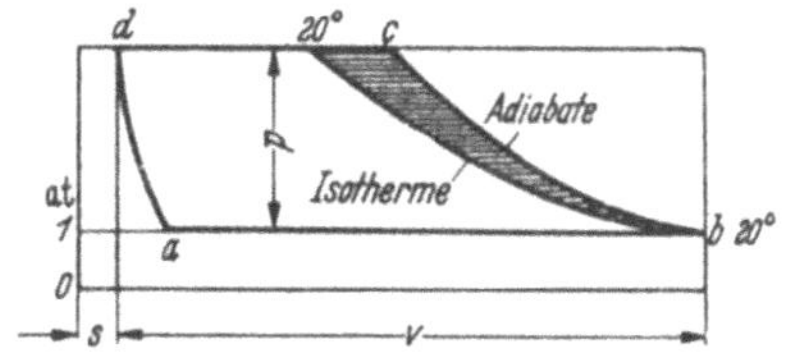

Abb. 83. Theoretisches Kompressordiagramm. s = schädlicher Raum; v = Hubvolumen; $a\cdots b$ = Saughub; $b\cdots c$ = Verdichtung; $c\cdots d$ = Ausschieben der Luft in die Druckleitung; $d\cdots a$ = Expansion der im schädlichen Raum verbliebenen Druckluft; b und d = Kolbentotlagen.

Abb. 82 zeigt einen einstufigen Kompressor mit Antriebsmotor, während Abb. 83 das theoretische Kompressordiagramm bei einstufiger Verdichtung darstellt. Der schädliche Raum „s" ist der Teil des Zylinders, aus dem der

Kolben die Luft nicht verdrängen kann. Diese Luft dehnt sich bei Beginn des Saughubes wieder aus (Rückexpansion). Rückexpansion und schädlicher Raum sind ausschlaggebend für den volumetrischen Wirkungsgrad, der das Verhältnis der Ansaugeluftmenge zum Hubraum angibt. Man darf ihn nicht mit dem für die Beurteilung der Güte der Maschine wesentlichen Liefergrad verwechseln, d. h. dem Verhältnis der infolge Undichtigkeiten praktischen zur theoretischen Fördermenge. Beispielsweise ist der Kraftbedarf für die Verdichtung von 1 m³ geförderter Luft bei 80 % volumetrischem Wirkungsgrad genau so groß wie bei 90 %. Bei einem Liefergrad von 80 % ist dagegen der Kraftbedarf je m³ Luft größer als bei einer Maschine mit einem Liefergrad von 90 %, weil die durch Undichtheiten entweichende Luft vor dem Entweichen Arbeitsaufwand erfordert hat. Es ist also nicht richtig, bei der Anschaffung eines Kompressors einen möglichst hohen volumetrischen Wirkungsgrad zu fordern. Man kann sogar gelegentlich durch Vergrößern des schädlichen Raumes, d. h. durch Verkleinern des volumetrischen Wirkungsgrades, ein weicheres Arbeiten im Triebwerk der Maschine erreichen.

Bei der Verdichtung der Luft steigt die Temperatur an, und zwar würde ohne jede Wärmezu- oder -abfuhr (adiabatisch) die Temperatur bei einer Verdichtung auf 6 atü 243⁰ C erreichen, wenn die Anfangstemperatur 20⁰ C beträgt. Abgesehen davon, daß nach den behördlichen Vorschriften (Unfallverhütungsvorschriften der Berufsgenossenschaften) die Temperatur gepreßter Luft 200⁰ C bei einstufigen bzw. 160⁰ C bei mehrstufigen Kompressoren nicht überschreiten darf, ist der Kraftbedarf um so größer, je höher die Endtemperatur ist. Theoretisch wäre es also am vorteilhaftesten, wenn der Verdichtungsvorgang ohne jede Temperaturänderung der Luft vorgenommen würde (vollkommene Wärmeabführung, d. h. isothermische Kompression). Die Ersparnis an aufzuwendender Arbeit würde dabei der schraffierten Fläche im Diagramm (Abb. 83) entsprechen, wenn von einer gleichbleibenden Temperatur von 20⁰ C für die Ansaugeluft ausgegangen wird. Trotz aller Versuche ist aber für die isothermische Verdichtung bisher kein technisch brauchbarer Weg gefunden worden, und so liegt die Kompressionslinie infolge der nur teilweise wirkenden Kühlung praktisch zwischen der Adiabate und der Isotherme. Bei größeren Kompressoren und höheren Enddrücken kann eine unzulässig hohe Temperatur durch stufenweise Verdichtung vermieden werden. Durch Zwischenkühler wird die in der ersten Stufe verdichtete Luft annähernd auf die Temperatur der Ansaugeluft abgekühlt und dann in der zweiten Stufe weiter verdichtet. Die Arbeitsersparnis bei der Stufenkompression ist theoretisch wohl erheblich, sie läßt sich aber nur bei größeren Saugleistungen praktisch verwerten. Bei kleineren Maschinen wird der Arbeitsgewinn durch vermehrte Reibung und Widerstände nahezu aufgehoben. Dazu kommt, daß diese Maschinen verhältnismäßig teurer sind und daher ein wirtschaftlicher Vorteil gegenüber einstufigen Kompressoren nicht vorhanden ist.

34. Die Planung von Preßluftanlagen erfordert eine eingehende und sorgfältige Ermittlung, für welche Zwecke und in welchem Umfange Preßluft verwendet werden soll. Die Saugleistung des Kompressors kann nur durch die wirklich angesaugte Luftmenge und nicht durch das Luftgewicht festgelegt werden. Bei verschiedenen Temperaturen je nach Tages- und Jahreszeit hat dasselbe Luftgewicht ein anderes Volumen. Üblicherweise wird die Saugleistung bei kleineren Maschinen bis zu etwa 2000 m³/h in m³/min und nur bei größeren in m³/h (h von hora = Stunde) angegeben. Zu beachten ist, daß zwar zum Betrieb von Preßluftwerkzeugen ein Druck von etwa 6 atü erforderlich ist, daß man aber für andere Arbeiten, wie z. B. Farbspritzen, Sandstrahlen u. dgl., die erforderliche Verringerung des Luftdruckes in jeder gewünschten Höhe leicht erreichen kann. Es ist also bei der Planung zu berücksichtigen, ob derartige Anlagen gleich oder evtl. später von dem Kompressor mit gespeist werden sollen. Nachdem zunächst die Anzahl der zur Verwendung kommenden Maschinen der einzelnen Arten festgelegt ist, muß der gesamte Luftverbrauch ermittelt werden. Für die Berechnung gelten die in der Tabelle 3 angegebenen Mittelwerte. Da aber auch bei ununterbrochenem Betrieb der Luftverbrauch nur zeitweise besteht, können erfahrungsgemäß die einzelnen Werkzeugarten mit $1/_3 \cdots 1/_4$ der in der Tabelle 3 angegebenen Mittelwerte

Tabelle 3. Mittelwerte für den Luftverbrauch verschiedener Preßluftwerkzeuge.

Werkzeugart und Größe	Luftverbrauch in m³/min Ansaugeluft
Niethammer bis etwa 10 mm Nietdurchmesser	0,6
„ „ „ 20 „ „	0,8
„ über 26 „ „	1,0
Meißel- und Stemmhamer, mittelschwer . . .	0,5
Stampfer, leicht	0,3
„ schwer	0,5
Bohrmaschinen bis etwa 10 mm Behrleistungen	0,3
„ „ „ 20 „ „	0,7
„ „ „ 30 „ „	1,0
Schleifmaschinen, leicht	0,3
„ mittel	0,8
„ schwer	1,0
Nietfeuer	0,1

verwendet werden. Weiterhin ist zu berücksichtigen, daß bei größeren Anlagen nur etwa 60% und bei mittleren etwa 80% der gesamten Preßluftwerkzeuge gleichzeitig in Betrieb sein werden. Bei kleineren Anlagen mit einer Ansaugeleistung bis etwa 2 m³/min ist es zweckmäßig, die volle Zahl der Preßluftwerkzeuge einzusetzen. Unbedingt anzuraten ist es, den Kompressor so reichlich zu wählen, daß für vorauszusehende und unerwartete Steigerung des Luftbedarfes ein angemessener Leistungsüberschuß bleibt. Bei unzureichender Saugleistung und damit Luftlieferung wird der erforderliche Luftdruck nicht erreicht, und die Preßluftwerkzeuge haben nicht die erwartete Leistung. Anderseits treten bei zu großer Leistung Regelverluste auf, welche die Kosten des Preßluftbetriebes unnötig erhöhen. Die Regelung der Kompressoren hat die Aufgabe, die Förderleistung der jeweiligen Druckluftabnahme entsprechend innerhalb gewisser Grenzen zu halten. Der Regelbereich des Kompressors muß so groß sein, daß auch in Zeiten geringsten Luftbedarfes Abblaseverluste vermieden werden. Im allgemeinen wird der Luftbedarf eines Betriebes geringer sein als die größte Leistung des vorhandenen Kompressors, und dieser Umstand ist bei den nachstehend beschriebenen Regelungsarten vorausgesetzt. Da sich nun eine Schwankung in der Luftabnahme zunächst in einer Druckänderung (und wenn sie noch so klein ist) bemerkbar macht, so benutzt man diese Druckänderung zur Betätigung der Regelorgane. Eine Mehrentnahme an Luft macht sich als Druckabfall, eine geringere Entnahme als Drucksteigerung bemerkbar. Bei der Planung von Preßluftanlagen sind ferner Anfangs- und Enddruck des Kompressors festzulegen, zweckmäßig in ata oder atü. In den weitaus meisten Fällen wird der Anfangsdruck gleich der atmosphärischen Spannung in geringer Höhenlage über dem Meeresspiegel, also etwa 1 ata, sein. Mit der Lage über oder unter Meeresspiegelhöhe (normal Null = NN) ändert sich aber sowohl die Ansaugemenge als auch der Leistungsbedarf für den Verdichter. Für Untertagebetrieb und besonders für den Betrieb von Kompressoren, die in größeren Höhen mit Verbrennungsmotoren angetrieben werden (fahrbare Drucklufterzeuger), ist die Höhenlage unbedingt zu berücksichtigen (Tabelle 4).

Tabelle 4. Mittlerer Luftdruck in verschiedenen Höhenlagen.

Höhenlage	Meter unter NN					NN	Meter über NN							
	1000	800	600	400	200	± 0	200	400	600	800	1000	1500	2000	3000
Mittlerer Luftdruck kg/cm²	1,17	1,14	1,11	1,08	1,06	1,03	1,00	0,98	0,96	0,93	0,91	0,86	0,80	0,71

In einem besonders unterschiedlich gewählten Beispiel soll der Einfluß der Höhenlage nachgewiesen werden.

Beispiel: Zugrunde gelegt wird ein Werkzeug mit einem Betriebsdruck von 7 ata und einem Bedarf an Druckluft von 100 l/min oder einem Ansaugeluftvolumen von $\dfrac{100 \cdot 7}{1} = 700$ l/min von 1 ata Spannung.

In einer Höhe von 3000 m über NN nimmt das Werkzeug ebenfalls 100 l/min Druckluft auf. Da aber der äußere Luftdruck auf 0,71 ata gesunken ist, müssen die 100 l/min auf diesen Druck der Umgebung umgerechnet werden. Das Ansaugevolumen wird dann $\dfrac{100 \cdot 6,71}{0,71} = 945$ l/min oder um 35% größer als bei einem Außendruck von 1 ata. Befindet sich also der die Druckluft erzeugende Verdichter in derselben Höhenlage wie das Werkzeug, so muß er um 35% größer bemessen werden.

Für die Verdichtung von 1 m³/min angesaugter Luft von 1 auf 7 ata werden theoretisch etwa 7,5 PS benötigt. Der Leistungsbedarf, um 1 m³/min angesaugter Luft von 0,71 auf 6,71 ata zu verdichten, beträgt aber nur 5,95 PS. Diesem Minderbedarf an Leistung von 17,3% steht jedoch ein Mehrbedarf an Luftvolumen von 35% gegenüber, so daß der Kompressor einen Leistungsbedarf hat von $1,35 \cdot 5,95 = 8,05$ PS, d. h. um 7,5% mehr als der entsprechende Kompressor bei 1 ata Ansaugedruck.

Wird der Kompressor in größeren Höhen durch einen Verbrennungsmotor angetrieben, so ist auch noch der Leistungsrückgang des Motors in dieser Höhe zu berücksichtigen. Das Diagramm (Abb. 84) gibt einen Anhalt für diesen Leistungsabfall in größeren Höhen.

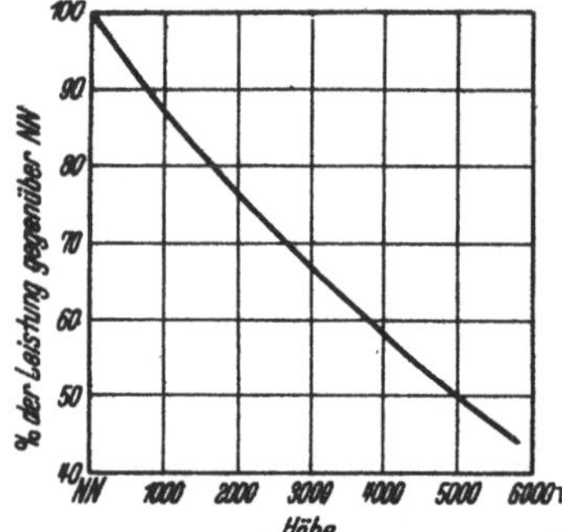

Abb. 84. Leistungsrückgang von Verbrennungsmotoren in größeren Höhen.

35. Leistungsbedarf. Für die Ermittlung des angenäherten Leistungsbedarfes kann man annehmen, daß bei 0,01 ata höherem oder geringerem Anfangsdruck die Leistung etwa 0,5% größer oder kleiner sein muß.

Der Leistungsbedarf von Kolbenverdichtern an ihrer Welle kann für Überschlagsrechnungen der Tabelle 5 entnommen werden.

Tabelle 5. Leistungsbedarf von Kolbenkompressoren.

Saugleistung in m³/h		60	120	300	600	1200	2000
Leistungsbedarf in PS bei Verdichtung von 1 ata auf	5 ata	8,0	14	31	57	110	200
	6 ,,	8,5	15	33	62	120	210
	7 ,,	9,0	16	35	65	126	220
	8 ,,	9,5	17	36	68	132	230

Die vom Verdichter abgegebene Druckluft muß zunächst in einen Windkessel geleitet werden, um eine annähernd gleichmäßige Strömung zu erhalten. Bei kleineren Maschinen und reichlicher Bemessung des Windkessels können Unterschiede von Preßluftbedarf und -erzeugung ausgeglichen werden. Weiterhin ist sehr wichtig, daß die Preßluft in diesem Kessel vorübergehend zur Ruhe kommt und dadurch etwaige Verunreinigungen, mitgerissenes Öl und die mit der Luft angesaugte Feuchtigkeit abscheidet. Der Inhalt des Windkessels soll um so größer gewählt werden, je geringer die Druckschwankungen im Rohrnetz zulässig und je größer die Schwankungen sind, die der Kessel beim Betrieb mildern soll. Für die ungefähre Bemessung des Windkessels bei kleineren Anlagen gilt:

$$\text{Inhalt in m}^3 = \sqrt{5 \text{ mal Ansaugemenge in m}^3/\text{min}}.$$

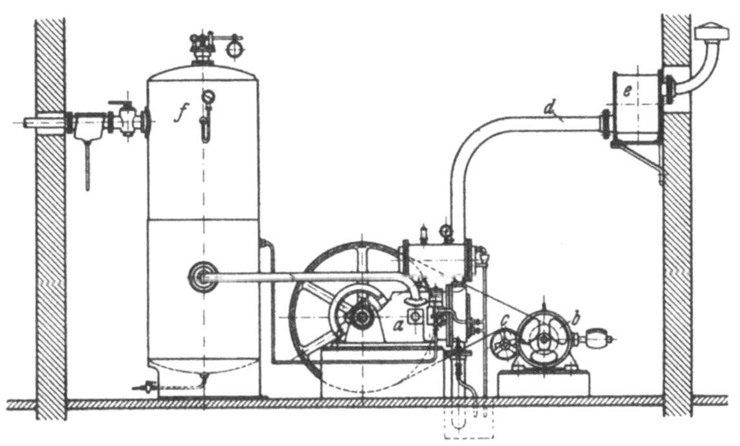

Abb. 85. Schema einer ortsfesten Preßluft Kompressoranlage (Tremag, Berlin).
a = Kompressor; b und c = Antrieb; d = Ansaugeleitung; e = Luftfilter; f = Luftkessel.

Abb. 85 zeigt das Schema einer Preßluft-Kompressoranlage.

36. Regelung. Man unterscheidet vier Arten der Regelung:

1. Drehzahlregelung, d. h. Regelung durch Veränderung der Drehzahl bei gleichbleibender Füllung.

2. Leerlaufregelung, d. h. Regelung durch vollkommenen Leerlauf bei gleichbleibender Drehzahl.

3. Füllungsregelung, d. h. Regelung durch Veränderung der Füllung bei gleichbleibender Drehzahl.

4. Aussetzregelung, d. h. Regelung durch Stillsetzen des Kompressors.

Kleine und mittlere Kompressoren mit unveränderlicher Drehzahl regelt man meistens durch selbsttätiges Unterbrechen des Ansaugens. Diese Leerlaufregelung ist die einfachste und billigste, die aber den Anforderungen des Betriebes von Preßluftwerkzeugen vollauf genügt. Während der Leerlaufzeit ist nur die den mechanischen Widerständen des Kompressors und den Verlusten der Antriebsmaschine entsprechende Leistung aufzubringen (etwa 30%). Die Leerlaufregelung kann auf zwei Arten erfolgen, entweder durch Abschließen der Saugleitung oder durch Offenhaltung der Saugventile. In beiden Fällen ist ein selbsttätig arbeitendes Hilfsventil (das Relais) erforderlich. In Abb. 86 ist dieses Relais zu sehen. Am Relais befindet sich ein durch eine Rohrleitung mit dem Windkessel verbundener Abscheidekessel a, in welchem die Druckluft gereinigt wird, ehe sie in das Relais gelangt. Die wesentlichen Bestandteile des Relais sind zwei Zylinder b und c von verschiedenem Durchmesser, in denen sich der Stufenkolben d bewegen kann.

Auf die eine Seite dieses Steuerkolbens drückt die Feder e, und auf der anderen Seite lastet der vom Windkessel herrührende Druck. Die Abbildung stellt das Relais in der Stellung dar, die es innehat, solange der Luftbedarf größer ist als die Förderleistung des Kompressors, d. h. solange der Betriebsdruck unter dem zugelassenen Höchstwert bleibt. Steigt dagegen der Druck über das Höchstmaß, dann wird der Kolben unter Überwindung der Federkraft angehoben und die Druckluft kann durch die untere Bohrung des Kolbens zur Regelvorrichtung gelangen und Leerlauf hervorrufen.

Da der obere Teil des Kolbens einen etwas größeren Durchmesser hat als der untere Teil, und der jetzt auf der größeren Fläche ruhende Windkesseldruck die Federkraft vollständig überwindet, so bleibt der Kolben in der oberen Lage. Erst wenn der Windkesseldruck auf den Wert gefallen ist, der mit der Fläche des oberen Kolbens malgenommen der Federkraft in der oberen Lage das Gleichgewicht hält, wird bei weiter fallendem Luftdruck die Feder wirksam und drückt den Kolben in die untere Lage. Hierbei entweicht durch die Bohrung f im oberen Teil des Kolbens a die in der Regelvorrichtung befindliche Druckluft ins Freie.

Der Unterschied zwischen den beiden Durchmessern des Kolbens ist so gewählt, daß der Druckabfall des Windkessels während des Leerlaufs etwa 10% des mittleren Betriebsdruckes beträgt. Will man aus irgendeinem Grunde Leerlauf absichtlich hervorrufen, auch wenn im Windkessel der Betriebsdruck noch nicht vorhanden ist, so wird durch Linksdrehung an dem gerändelten Knopf g die Feder entspannt, so daß auch ein geringerer Luftdruck den Kolben anheben und zur Regelvorrichtung gelangen kann. Von dieser Möglichkeit wird mit Vorteil beim Anlassen des Kompressors Gebrauch gemacht, falls im Windkessel noch Druckluft vorhanden ist, denn im allgemeinen wird der Antriebsmotor gegen Druck nicht durchziehen.

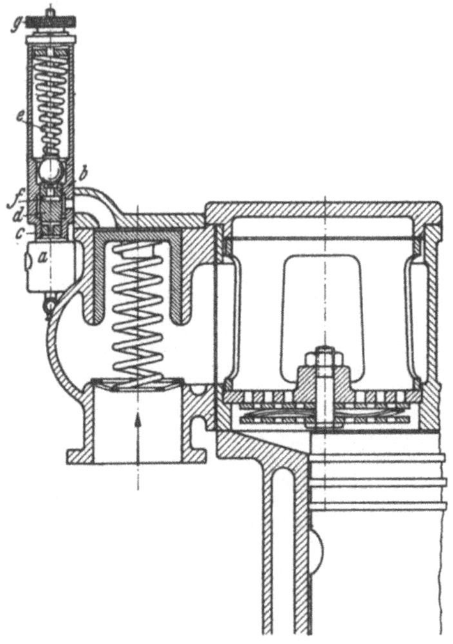

Abb. 86. Kompressor-Leerlaufregelung (FMA.).
a = Abscheidekessel; b und c = Zylinder; d = Stufenkolben; e = Feder; f = Bohrung; g = Mutter für die Federspannung.

Ferner kann man mit der Mutter g durch Änderung der Federspannung im Relais den Luftenddruck einstellen, bei dem die Anlage leerlaufen soll. Bei schwacher Federspannung (also hochgeschraubtem Federteller) schaltet sich die Anlage früher aus.

Kraftwirtschaftlich günstiger ist das Regeln durch selbsttätiges Abstellen des Antriebsmotors, da hierbei nicht mehr Energie verbraucht wird als dem Luftverbrauch entspricht. Diese Aussetzregelung wird aber fast nur bei Kompressoren mit elektrischem Antrieb verwendet.

37. Die Rohrleitungen für Druckluft. Die vom Kompressor herrührenden Luftstöße werden im Windkessel weitgehend ausgeglichen. Die Druckluft strömt aus dem als Speicher dienenden Kessel durch die Rohrleitung den Verbrauchsstellen zu. Bei dieser Fortleitung der Preßluft bleibt nicht die volle Ansaugemenge und auch nicht der erzeugte Luftdruck erhalten.

Mengenverluste treten durch Undichtheiten ein, während die Druckverluste sowohl durch diese Mengenverluste als auch bei völlig dichtem Rohrnetz durch Reibung der Luft in der Leitung verursacht werden. Beide Verlustquellen, durch die die Wirtschaftlichkeit des Preßluftbetriebes vermindert wird, sind durch sachgemäße Anlage und Wartung möglichst gering zu halten. Zur genauen Berechnung der Rohrleitung ist es wichtig, den in der Leitung entstehenden Druckabfall zu berücksichtigen. Rauhigkeitsgrad der inneren Rohrwandung, Dichte und Geschwindigkeit der Luft bestimmen den Druckabfall. Dieser soll bei kleineren Anlagen 0,2 at, bei mittleren 0,5 at und bei größeren Anlagen 1,0 at nicht überschreiten. In der Tabelle 6 sind die Druckverluste für übliche Rohrdurchmesser

Tabelle 6. Druckverlust in at in geraden Preßluft-Rohrleitungen von 100 m Länge.

Ansaugemenge in m³/min	0,5	1	2	5	10	15	20	25	30	40
20	0,1	0,4	1,5							
25	0,04	0,1	0,5	2,5						
32		0,04	0,2	0,8	3,0					
40			0,04	0,3	0,9	1,8	3,2			
50				0,08	0,3	0,6	1,0	1,5	2,1	3,8
60				0,03	0,1	0,2	0,4	0,6	0,8	1,4
70					0,05	0,1	0,2	0,3	0,4	0,6
80					0,03	0,05	0,09	0,15	0,2	0,4
90						0,03	0,05	0,07	0,1	0,2
100							0,03	0,05	0,07	0,11
125									0,02	0,04

Lichter Rohrdurchmesser in mm

und je 100 m Rohrlänge bei einem Betriebsdruck von 7 ata zusammengestellt. Da der Druckabfall sich verhält wie die Rohrlänge, kann für jede Länge der Verlust ermittelt werden. Für Leitungszubehörteile, wie Ventile, Schieber, Krümmer und dergleichen, wird zweckmäßig ein Zuschlag zur geraden Rohrlänge gemacht.

Durchgangsventile für eine lichte Rohrweite von 25···100 mm sind durch einen Zuschlag von etwa 6···35 m Rohrlänge zu berücksichtigen; für T-Stücke sind die entsprechenden Zahlen 2···10 m. Zu weit kann eine Druckluftleitung nie bemessen werden, eine Begrenzung liegt aber in den höheren Kosten für die weitere Leitung. Nach Möglichkeit soll aber ein späterer größerer Druckluftbedarf auch in der Leitung vorgesehen sein.

B. Preßluftwerkzeuge.

38. Bauart der Preßluftwerkzeuge. Die in der Druckluft aufgespeicherte Energie wird in den Druckluftwerkzeugen in Arbeit umgewandelt. Mit Druckluft betriebene maschinelle Handwerkzeuge sind Maschinen mit einem Zylinder, in denen das Druckgefälle der verdichteten Luft auf einen Kolben wirkt, oder Vorrichtungen, welche die Strömungsgeschwindigkeit infolge des Druckgefälles ausnutzen. Durch möglichst weitgehende Entspannung (Expansion) der Druckluft läßt sich ein geringer Luftverbrauch erreichen. Anderseits ist aber dieser Wiederausdehnung eine Grenze gesetzt durch die mit der Entspannung verbundene Abkühlung der Luft. Wird die Abkühlung zu groß, so wird vor allem das in der Druckluft enthaltene Wasser im Werkzeug vereisen und ein Einfrieren der Auspuffkanäle verursachen. Erfahrungsgemäß darf das Wiederausdehnungsverhältnis nur bis 30% betragen.

Entsprechend dem Verwendungszweck und nach ihrer Wirkungsart unterscheidet man:

1. Schlagwerkzeuge, deren Kolben frei fliegend im Zylinder angeordnet ist. Die Energie des Druckluftgefälles wird in Wucht des hin- und hergehenden Kolbens

umgesetzt; dieser gibt die Energie als Schlagarbeit an das eigentliche Werkzeug (Meißel, Stampfer u. dgl.) wieder ab. Hierzu gehören auch u. a. die Bohrhämmer, die außer der Schlagwirkung dem Einsatzwerkzeug noch eine Drehbewegung (Umsetzung) erteilen.

2. Werkzeuge, deren Kolben oder Drehkörper mechanisch mit anderen Maschinenteilen verbunden die Energie des Druckgefälles in Drehbewegung umsetzen, z. B. Bohrmaschinen, Schleifmaschinen u. a. m.

3. Strahlapparate, welche die Strömungsgeschwindigkeit des Druckgefälles ausnützen und durch geeignete Düsen eine Strahlwirkung erzeugen.

Die Beanspruchung der einzelnen arbeitenden Teile in den Preßluftwerkzeugen ist sehr groß, weil auf kleinstem Raum sehr große Arbeit geleistet werden muß. Die Brauchbarkeit der Werkzeuge ist vor allem abhängig von der Verwendung geeigneter Werkstoffe und einer peinlich genauen Werkstattarbeit.

Auch bei Preßluftwerkzeugen ist es nicht möglich, auf alle Konstruktionen einzugehen, es sollen hier nur die wichtigsten Arten in Aufbau und Wirkungsweise beschrieben werden.

39. Schlagwerkzeuge werden in den verschiedensten Ausführungen von den gröbsten Aufbrucharbeiten im Straßenbau und Abbauarbeiten im Bergbau bis zu den feinsten Meißelarbeiten des Bildhauers verwendet. Aber auch zum Nieten, Meißeln und Stemmen in der Metall verarbeitenden Industrie sowie zum Stampfen und Rütteln in Gießereibetrieben u. a. m. Die Bauart der Preßluftwerkzeuge und damit auch der Hammer ist weitgehend dem jeweiligen Verwendungszweck angepaßt. Die richtige Auswahl der Hämmer nach Maßgabe dieses Verwendungszweckes ist von größter Wichtigkeit, denn ein Preßlufthammer, mit dem sich jede Arbeit gleich gut wirtschaftlich ausführen läßt, ist praktisch unmöglich. Vor allem, ob ein langsam- oder schnellschlagender Hammer zu wählen ist, muß von Fall zu Fall entschieden werden.

Die Beherrschung der Bewegungsverhältnisse eines frei fliegenden Kolbens ist mit keinem anderen Treibmittel in gleich günstiger Weise wie mit verdichteter Luft durchzuführen. Die Druckluftzuführung und die Abführung der expandierten Luft kann auf verschiedene Art gesteuert werden.

Ventillose Hämmer werden für hohe Schlagzahlen und kleine Hübe gebaut. Die Schlagkraft und damit auch die Leistung ist begrenzt, da der Kolbenhub an die Kolbenlänge gebunden ist. Bei einem Gewicht von etwa 2 kg und einem Luftverbrauch von 0,2 m^3/min betragen die Schlagzahlen etwa $6000 \cdots 7000$ je Minute. Die besonderen Vorzüge liegen in der außerordentlichen Einfachheit und Unempfindlichkeit und der damit verbundenen Betriebssicherheit. Verwendung finden die ventillosen Hämmer als Kesselsteinklopfer (Abb. 87), Formkastenklopfer und Beton-

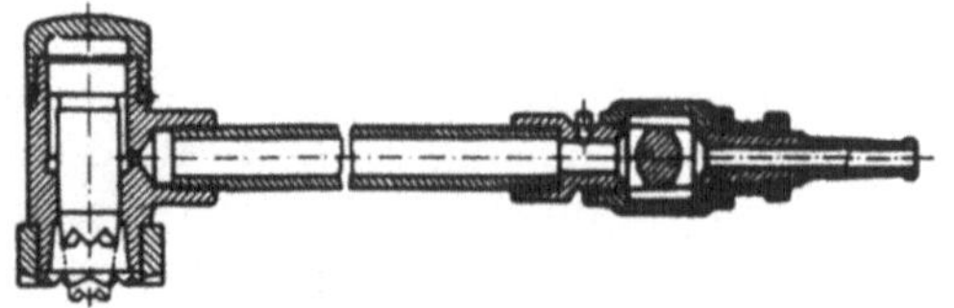

Abb. 87. Kesselsteinklopfer mit ventilloser Steuerung (FMA.).

Abb. 88. Rostabklopfer (FMA.).

vibratoren. Die Abb. 88 zeigt als Anwendungsbeispiel das Rostabklopfen mit einem ventillosen Hammer.

Ventilhämmer werden in den verschiedensten Ausführungen gebaut, wobei grundsätzlich Einlaßsteuerung sowie Ein- und Auslaßsteuerung zu unterscheiden ist. Bei der Einlaßsteuerung wird der Lufteintritt durch das Ventil, der Luftaustritt von den Kolbenkanten des Schlagkolbens gesteuert; die Luft strömt in gleichbleibender Richtung (Gleichstrom). Nachteilig ist bei dieser Art der Steuerung, daß durch die Trennung der Steuerorgane für Luftein- und -austritt eine Verschiebung der Steuerphasen möglich ist und so Druckluft, ohne Arbeit zu leisten, unmittelbar ins Freie gelangen kann. Sind aber Ein- und Auslaßsteuerung in einem Ventil vereinigt, so müssen die Steuerphasen zwangläufig voneinander abhängen. Der Luftverbrauch für diese Steuerungsart ist sehr viel geringer. Wechselt die Stromrichtung der Luft bei den verschiedenen Arbeitsphasen, so wird ein derartiges Werkzeug auch als Wechselstromhammer bezeichnet. Da es im Rahmen dieses Heftes nicht möglich ist, die verschiedenen Steuerungen eingehend zu behandeln, soll nur die Rohrschiebersteuerung näher erwähnt werden. Es sei aber besonders darauf hingewiesen, daß auch die anderen Steuerungsarten ihre Berechtigung haben und demzufolge auch gebaut werden. So werden vor allem in Gießereibetrieben zum Gußputzen und Stampfen Werkzeuge mit Vollventilsteuerung bevorzugt, weil diese den Vorteil der höheren Schlagzahl aufweisen.

Bei allen Schlagwerkzeugen wird die Größe der Schlagarbeit durch die Wucht des frei fliegenden Kolbens bestimmt ($m\,v^2/2$). Am zweckmäßigsten ist es nun, die Geschwindigkeit v möglichst zu steigern und die Kolbenmasse m entsprechend dem zulässigen Hammergewicht zu bemessen. Diese Steigerung der Geschwindigkeit (d. h. die Beschleunigung) bis zum Aufschlag ist aber nur durch Verlängerung des Kolbenhubes möglich. Der Vorteil der Rohrschiebersteuerung liegt nun darin, daß der Kolben durch das Ventil hindurchgehen kann. Man erreicht so eine Vergrößerung der Hublänge ohne Verlängerung des Werkzeuges.

Abb. 89 zeigt die Rohrschiebersteuerung an einem Preßluft Gleichstromhammer, während in der Abb. 90 die Wechselstrom-Rohrschiebersteuerung dargestellt ist. Im Gegensatz zu der ventillosen Steuerung tritt im letzten Teil des Schlaghubes vor dem Kolben nur eine geringe Luftverdichtung ein. Dadurch ist die Ausnützung der Schlagkraft des Kolbens weit günstiger. Die feinfühlige Regelbarkeit der Rohrschiebersteuerung — vor allem auch in den

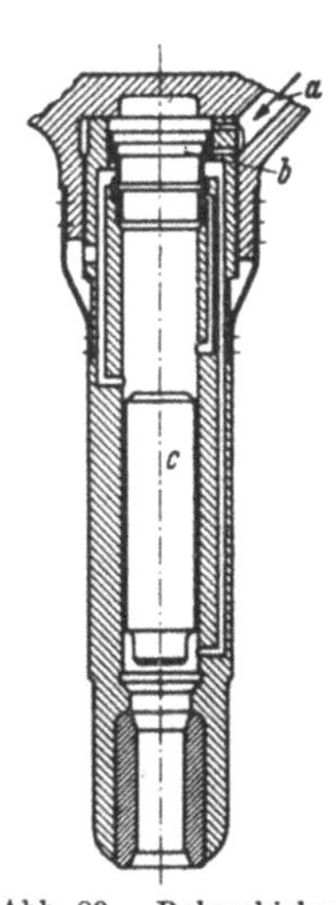

Abb. 89. Rohrschiebersteuerung an einem Preßluftgleichstromhammer (FMA.).
a = Preßlufteintritt; b = Rohrschieber; c = Schlagkolben.

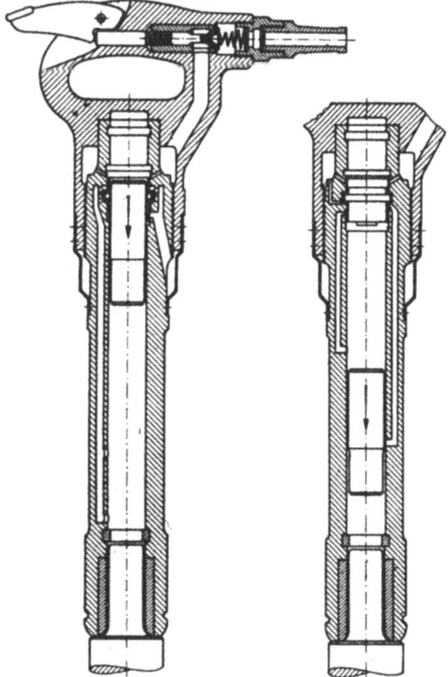

Abb. 90. Wechselstrom-Rohrschiebersteuerung (FMA.). (Schlagkolben in verschiedenen Stellungen.)

Anfangsschlägen — verleiht dem Hammer eine besonders gute Arbeitsweise.

40. Beispiele von Schlagwerkzeugen. Aus der Vielzahl der Preßluftschlagwerkzeuge können nur wenige Beispiele hier aufgeführt werden.

Abb. 91 zeigt einen **Niethammer** für die Leichtmetallbearbeitung. Bei einem Gewicht von 1,0 kg, einer Schlagzahl von 3000 je Minute und einem Luftverbrauch von etwa 0,2 m³/min können Niete bis 4 mm Durchmesser leicht und sauber geschlagen werden. Der in der Abb. 92 dargestellte Kurzhubniethammer

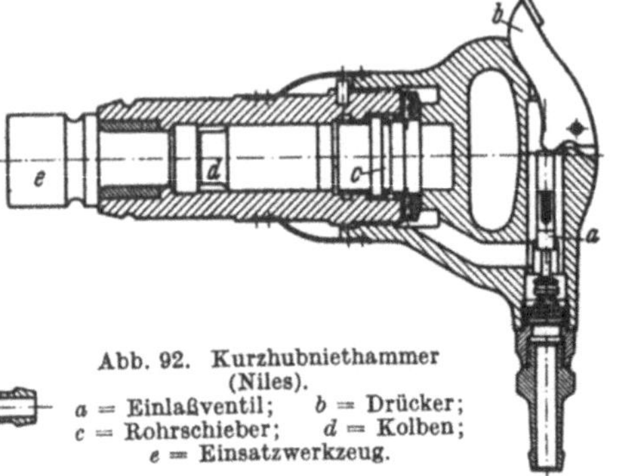

Abb. 92. Kurzhubniethammer (Niles).
a = Einlaßventil;   b = Drücker;
c = Rohrschieber;   d = Kolben;
e = Einsatzwerkzeug.

Abb. 91. Preßluftniethammer für Leichtmetallbearbeitung (Niles).
a = Luftsieb;   b = Einlaßschieber;   c = Steuerschieber;   d = Kolben;   e = Haltefeder.

unterscheidet sich von den normalen Niethämmern durch seine geringe Baulänge, die ihn für Arbeiten an räumlich begrenzten Stellen besonders geeignet macht.

Einige Anwendungen von Niet- und Meißelhämmern in der schweren Metallbearbeitung zeigen die Abb. 93···95.

Bei Bau- und Abbrucharbeiten werden Stampfer, Spatenhämmer, Aufbruchhämmer u. dgl. viel verwendet. Einen Aufbruchhammer mit Wechselstrom-Rohrschiebersteuerung zeigt die Abb. 96 u. 97. Gewicht 23 kg, Schlagzahl etwa 1300 je Minute bei einem Luftverbrauch von 1,0 m³/min.

An dieser Stelle sei auch der sog. Motorlufthammer erwähnt. Nicht eigentlich zu den

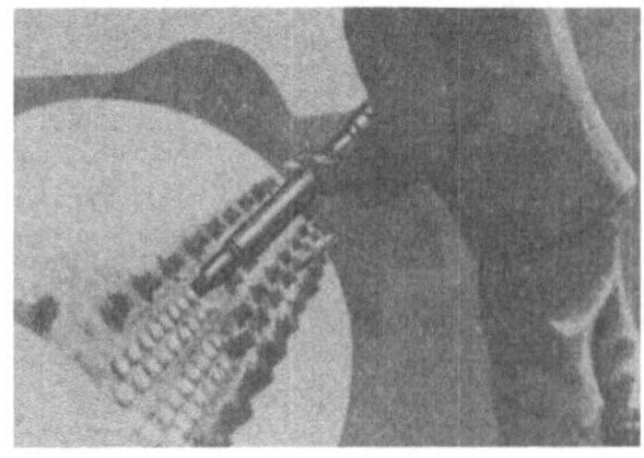

Abb. 93. Kurzhubniethammer bei Arbeiten an räumlich begrenzten Stellen (Niles).

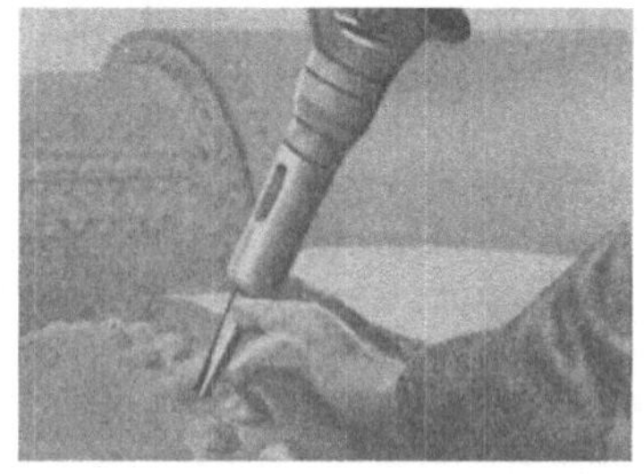

Abb. 94. Nietarbeiten im Kesselbau (FMA.).   Abb. 95. Stemmhammer im Betrieb (FMA.).

Preßluftwerkzeugen gehörend, hat sich dieses Gerät in der Praxis bestens bewährt und große Anwendung gefunden.

Der Grundgedanke im Aufbau ist aus den Abb. 98 u. 99 zu ersehen. Die Pumpe c, angetrieben durch Elektro- oder aber auch durch Verbrennungsmotor,

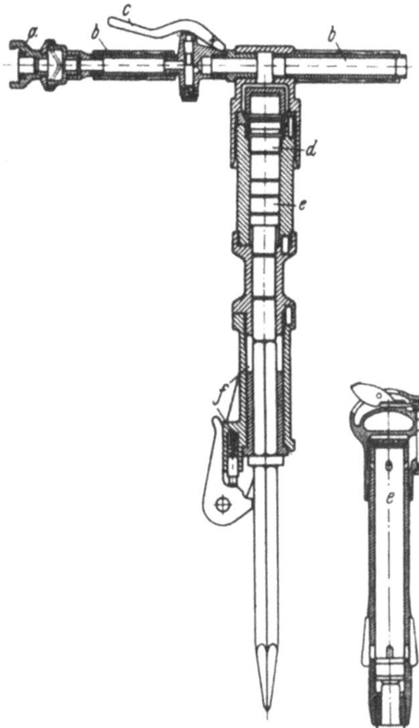

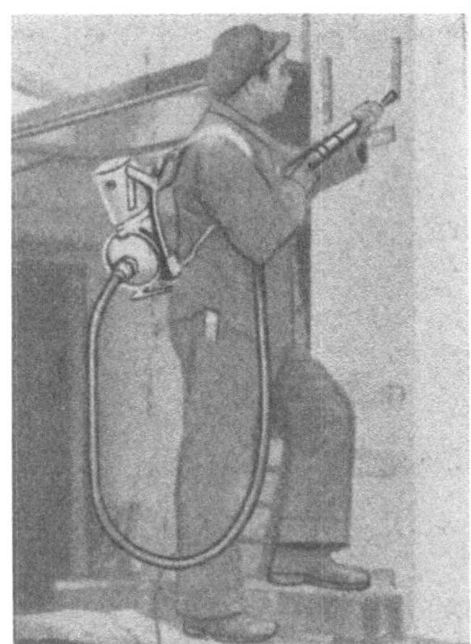

Abb. 97. Aufbruchhammer beim Fundament-
bau (FMA.).

Abb. 96. Aufbruchhammer
(FMA.).
a = Schlauchkupplung;
b = Handgriff; c = Drücker;
d = Rohrschieber; e = Kolben;
f = Meißelhaltevorrichtung.

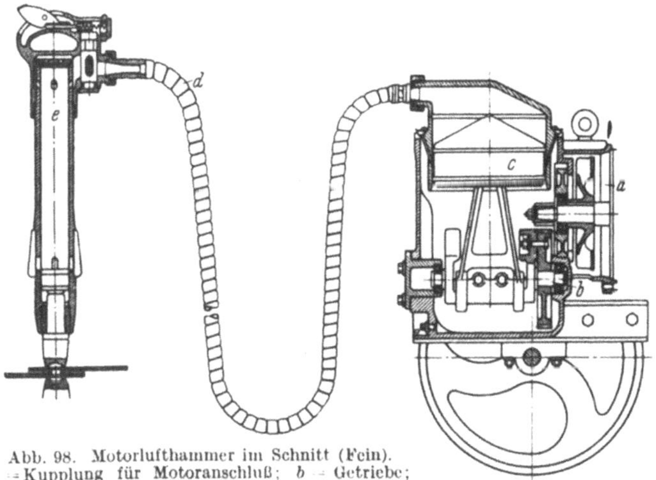

Abb. 98. Motorlufthammer im Schnitt (Fein).
a = Kupplung für Motoranschluß; b = Getriebe;
c = Luftpumpe; d = Schlauch; e = Schlagpistole.

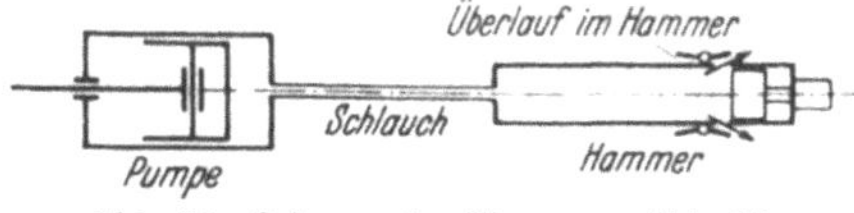

Abb. 99. Schema des Hammers Abb. 98.

Abb. 100. Gußputzen mit Meißelpistole (Fein).

Abb. 101. Stemmarbeiten im Mauerwerk
mit tragbarem Antrieb, bestehend aus
Universalmotor und Pumpe (Fein).

erzeugt eine schwingende Luftsäule. Durch einen Schlauch werden die einzelnen Schwingungen — Druck- und Saugspannung — in die Schlagpistole und damit auf den Schlagkolben übergeleitet. Bis zum Aufschlag auf das Einsteckwerkzeug steht der Kolben unter dem Druck der Pumpe, dann strömt die Luft durch ein einfach wirkendes Ventil aus und mit dem Saughub des Pumpenkolbens wird der Schlagkolben in der Pistole bis in seine Ausgangsstellung gehoben. Einige Anwendungen des Feinhammers in der Metallindustrie und im Baugewerbe zeigen die Abb. 100···102.

Abb. 102.   Schwerer Aufbruchhammer mit Pumpenantrieb durch Deutzmotor (Fein).

41. Preßluftwerkzeuge mit Drehbewegung sind Luftmotoren, oder -turbinen, mit welchen die in der Druckluft enthaltene Energie bei drehender Bewegung ausgenützt wird. Grundsätzlich gilt, daß man für Arbeiten wie Bohren, Fräsen, Schleifen, Polieren usw. preßluftbetriebene maschinelle Handwerkzeuge verwenden kann. Bei der Reichhaltigkeit in der Ausführung verschiedenster Modelle ist es den Herstellfirmen möglich, für jede einschlägige Arbeit ein geeignetes Preßluftwerkzeug zu liefern. Abb. 103 u. 104 zeigen in Ansicht und Schnitt eine Preßluft-Rundlaufbohrmaschine, die bei geringem Gewicht und kleinen Abmessungen eine sehr große Leistung aufweist. Der Vielzellenmotor dieser Rundlaufmaschinen besteht aus einem Zylinder und einem dazu exzentrisch gelagerten Kolben. In radialen Schlitzen des Kolbens werden

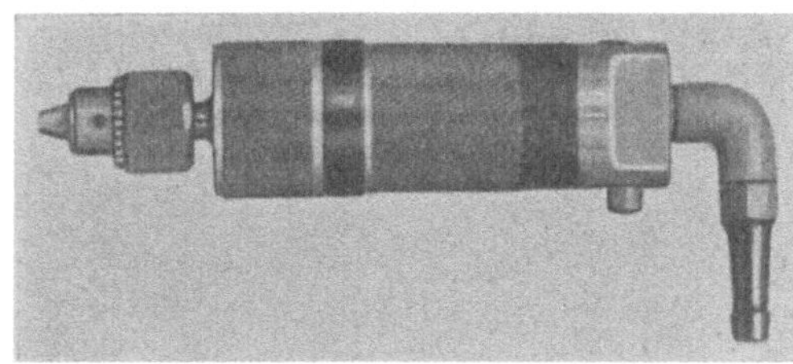

Abb. 103.   Preßluft-Rundlaufbohrmaschine (Niles).
(Gewicht 0,85 kg bei 2800 U/min.)

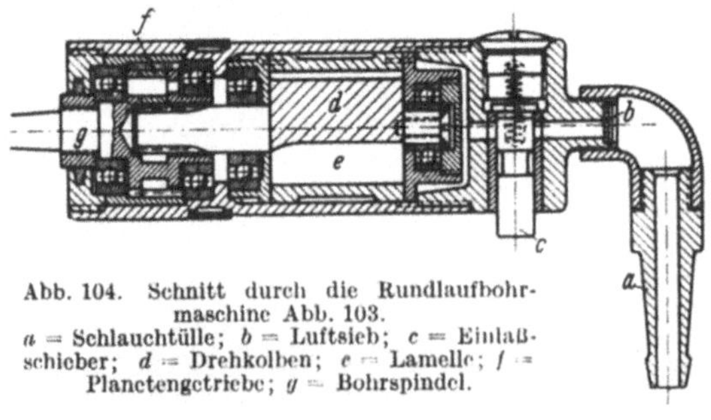

Abb. 104.   Schnitt durch die Rundlaufbohrmaschine Abb. 103.
a = Schlauchtülle; b = Luftsieb; c = Einlaßschieber; d = Drehkolben; e = Lamelle; f = Planetengetriebe; g = Bohrspindel.

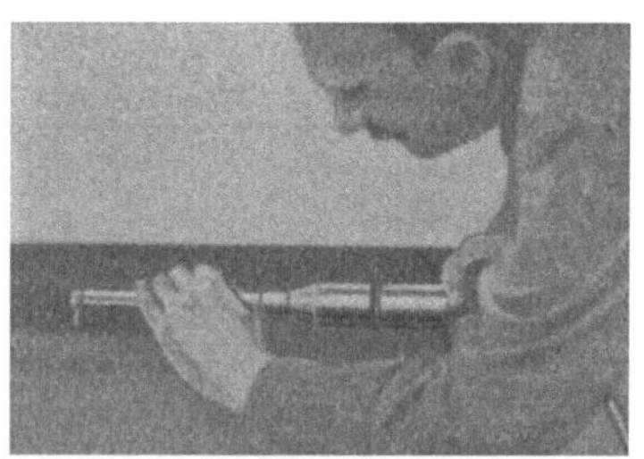

Abb. 105.   Preßluft-Winkelbohrmaschine (FMA.).

die Lamellen geführt. Mit entsprechenden Einsatzwerkzeugen läßt sich das Gerät zum Aufreiben, Senken, Fräsen u. dgl. verwenden. Auch für Winkel- und Eckbohrarbeiten sind zweckmäßige Preßluftwerkzeuge erhältlich (Abb. 105).

Für größere Bohrleistungen bis etwa 80 mm Bohrerdurchmesser werden zweckmäßig ebenfalls Rundlaufmaschinen verwendet. Bei gleicher Leistung und nicht höherem Luftverbrauch haben diese Maschinen ein geringeres Gewicht, ruhigeren Lauf und größere Handlichkeit als die weiter unten beschriebenen Maschinen mit Kolbenmotoren. Abb. 106 zeigt eine solche **Bohrmaschine mit Vielzellenmotor**, die bei einer Leistung von etwa 2,5 PS, einem Gewicht von etwa 10 kg und einer Drehzahl von 170 U/min bei Vollast 1,3 m³/min Luft verbraucht. Die Maschine eignet sich zum Bohren in Stahl bis zu einem Durchmesser von 32 mm, zum Gewindeschneiden bis 28 mm und zum Aufreiben bis 26 mm Durchmesser. Die Drehzahl sowie der Luftverbrauch beim Leerlauf werden durch einen selbst-

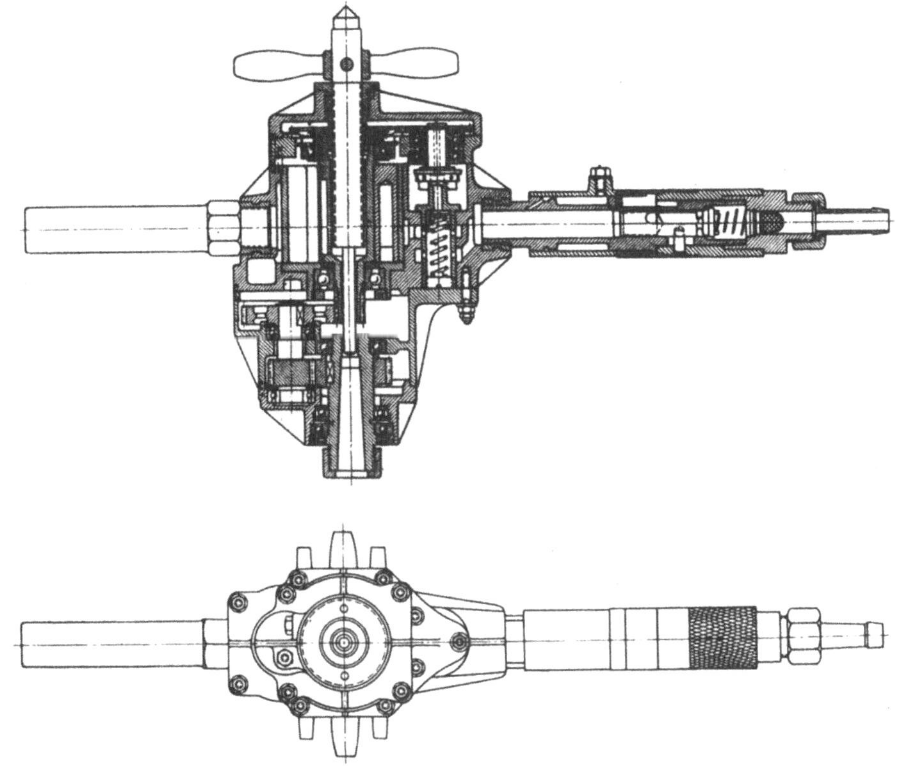

Abb. 106. Größere Rundlaufbohrmaschine (Niles).

tätigen Fliehkraftregler eingestellt. Über eine von außen zugängliche Schraube kann durch entsprechendes Spannen einer Feder die Leerlaufdrehzahl festgelegt werden. Die Übertragung der hohen Durchzugskraft auf die Bohrspindel erfolgt über ein einfaches oder doppeltes Übersetzungsgetriebe je nach Größe der Maschine.

Bei den **Kolbenmaschinen** wird die Druckluft in vier Arbeitszylindern entspannt, die paarweise unter einem Winkel von 90° angeordnet und in ein die ganze Maschine umgebendes Gehäuse eingegossen sind. Die Verteilung ist so vorgenommen, daß die Kurbelwelle bei jeder Umdrehung vier zeitlich getrennte Impulse erhält. Die Maschine läuft daher in jeder beliebigen Kolbenstellung an, weil ein toter Punkt nicht vorhanden ist, außerdem wird durch diese Anordnung ein stoßfreier Gang gewährleistet. Die Steuerung erfolgt durch Rundschieber, mit dessen Drehbewegung gleichzeitig ein Fliehkraftregler betätigt wird. Das ganze Getriebe wird durch die austretende expandierte Luft, die eine sehr niedere Temperatur aufweist, gut gekühlt. In Abb. 107 ist eine Preßluftkolbenmaschine im Schnitt gezeigt, das

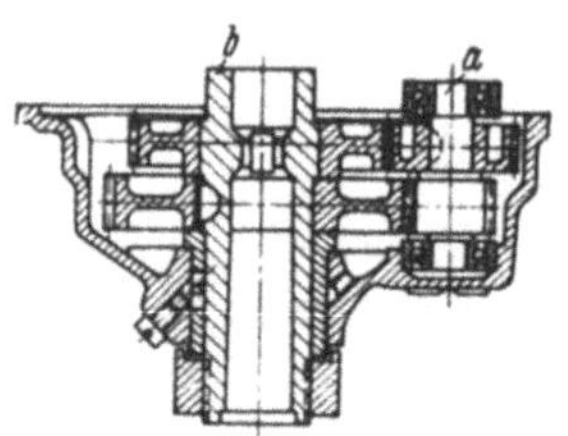

Abb. 108. Ein Vorgelege für die Kolbenmaschine Abb. 107. a = Anschluß für die Kurbelwelle; b = Bohrspindel.

Abb. 109. Preßluft-Kolbenbohrmaschine im Betrieb (FMA.).

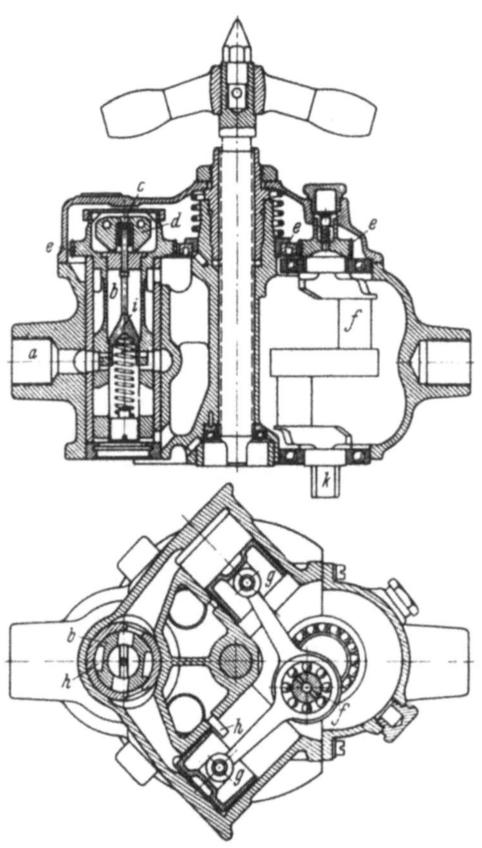

Abb. 107. Preßluft-Kolbenbohrmaschine (FMA.).
a = Lufteintritt; b = Drehschieber; c = Regler; d = Reglergewichte; e = Zahnradgetriebe zwischen Kurbelwelle und Drehschieber; f = Kurbelwelle; g = Kolben; h = Auspuff; i = Absperrschieber; k = Anschluß für das Zahnradvorgelege.

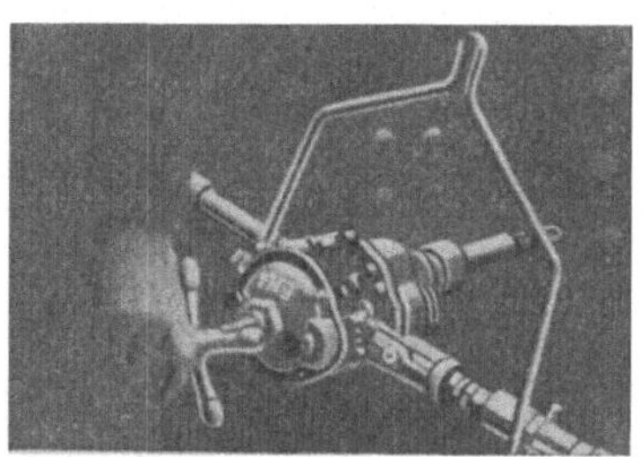

Abb. 110. Preßluftwerkzeug beim Gewindeschneiden.

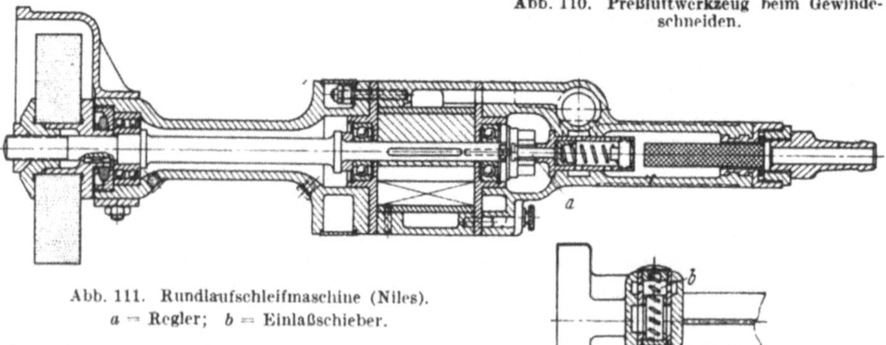

Abb. 111. Rundlaufschleifmaschine (Niles).
a = Regler; b = Einlaßschieber.

Zahnradgetriebe und damit auch der Werkzeughalter sind in Abb. 108 gesondert dargestellt, da sich diese Teile je nach der erforderlichen Drehzahl ändern.
Rundlaufschleifmaschinen (Abb. 111), je nach Wunsch mit Faust- oder Stiel-

griff, haben bei einer Leistung von etwa 1,9 PS einen Luftverbrauch von 0,5 m³/min bei Leerlauf und 1,1 m³/min bei Vollast. Ein Fliehkraftregler begrenzt die Umlaufgeschwindigkeit der Schleifscheibe beim Leerlauf. Im Aufbau sehr kräftig gehalten, sind alle dem Verschleiß besonders unterworfenen Teile, wie Zylinder, Drehkolben und Ventile, gehärtet. Gewicht der Maschine ohne Schleifscheibe etwas über 5 kg, Drehzahl bei Vollast etwa 4200 U/min.

Die Preßluftschleifmaschine mit Turbinenantrieb (Abb. 112) dient zum Arbeiten mit Schleif- und Polierscheiben bzw. Fräsern oder Bürsten. Die Druckluft wird durch eine Düse der Turbine zugeführt; der untere Teil dieser Düse ist als Drehschieber ausgebildet und dient zum Regeln bzw. zum Absperren der Preßluft. Bei großer Durchzugskraft ist die Drehzahl der Schleifspindel außer-

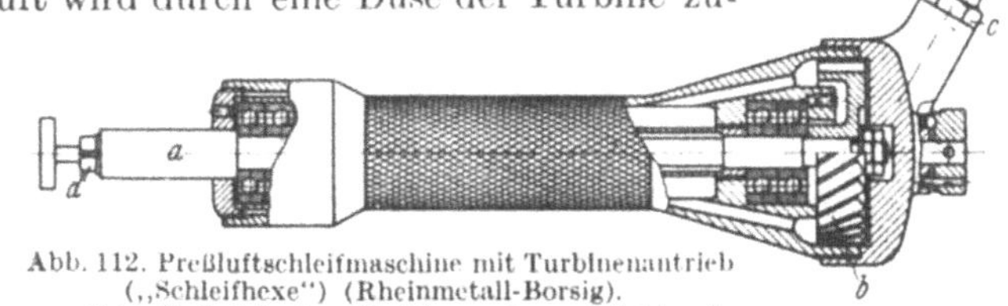

Abb. 112. Preßluftschleifmaschine mit Turbinenantrieb („Schleifhexe") (Rheinmetall-Borsig).
a = Schleifspindel; b = Turbinenrad; c = Schlauchstück; d = Spannpatrone.

ordentlich hoch (60···70000 U/min), so daß auch bei Verwendung kleinster Schleifscheiben eine wirtschaftliche Schnittgeschwindigkeit erzielt werden kann. Eine etwas größere Ausführung hat bei normalem Betriebsdruck eine Drehzahl von etwa 38000 U/min, wobei die Durchzugskraft der Maschine durch Ausnützung des Druckgefälles in zwei Stufen wesentlich erhöht wird.

Als Sondermaschine für den Flugzeugbau ist die Preßluft-Handsiekenmaschine (Abb. 114) entwickelt.

Abb. 113. Arbeiten mit der Schleifhexe.

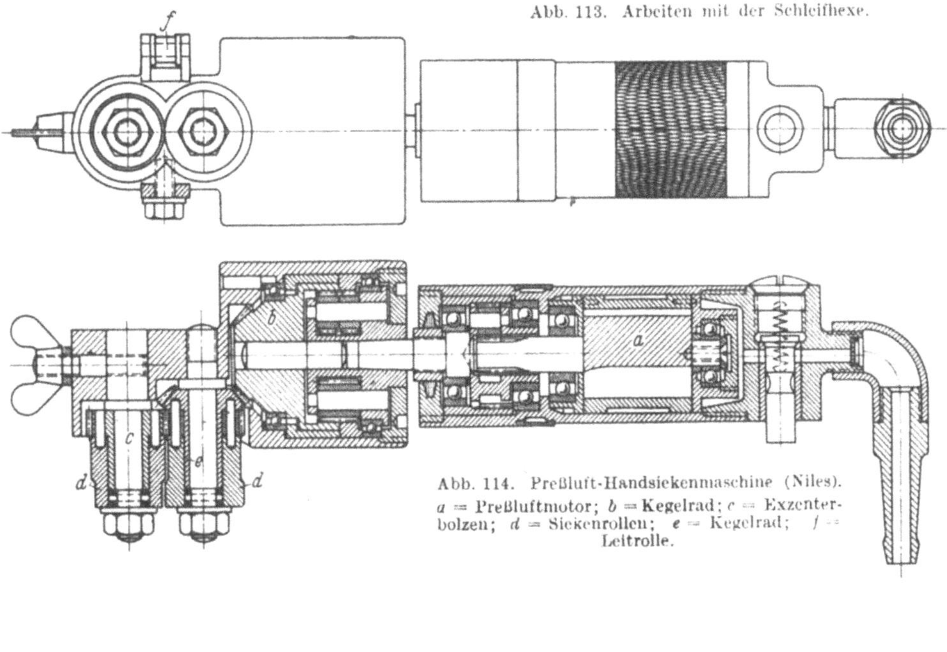

Abb. 114. Preßluft-Handsiekenmaschine (Niles).
a = Preßluftmotor; b = Kegelrad; c = Exzenterbolzen; d = Siekenrollen; e = Kegelrad; f = Leitrolle.

Leichtmetallbleche bis 1,4 mm Stärke sind sauber und mühelos zu sieken. Überall da, wo zum Versteifen von Blechen ein Siekenrand gebraucht wird oder für aufzusetzende Bleche Ränder vertieft werden müssen, kann die Maschine wirtschaftlich verwendet werden. Die Siekenrollen sind je nach der gewünschten Form des Siekenrandes auszuwechseln. Der Preßluftmotor für den Antrieb der Maschine gleicht dem der Kleinbohrmaschinen (Abb. 104).

42. **Strahlapparate,** in denen das Druckgefälle der Preßluft ausgenutzt wird, werden zu vielerlei Arbeiten verwendet. Zu den maschinellen Handwerkzeugen können aber eigentlich nur die Farbspritzpistolen gerechnet werden. Über Farbspritzpistolen gibt Heft 49 der Werkstattbücher weitgehende Auskunft.

43. **Wartung und Instandhaltung** ist auch bei den Preßluftwerkzeugen außerordentlich wichtig. Sind doch diese Werkzeuge hochwertige Präzisionsgeräte, bei welchen unsachgemäße Behandlung vielerlei Schaden anrichten kann. Der zumeist rücksichtslosen Beanspruchung im Betrieb muß eine um so sorgfältigere Wartung folgen. Sehr zu empfehlen ist die Einrichtung einer besonderen Sammelstelle, in der die Pflege der Preßluftwerkzeuge zu erfolgen hat. Vor allem die Wartung der Kolbenmaschinen erfordert eingehende Sachkenntnis, so daß die Sammelstelle mit einem tüchtigen Fachmann, dem auch die Kompressoranlage unterstellt sein kann, zu besetzen ist. Sehr vorteilhaft ist das Anlegen einer Kartei, in der jedes Werkzeug unter Kennzeichnung seiner Hauptmerkmale aufzuführen ist. In den Karten sind weiterhin Prüfungsergebnisse bei der Inbetriebnahme, Instandsetzungsarbeiten, Prüfung nach der Instandsetzung usw. einzutragen. Auf diese Weise ist leicht festzustellen, wann das einzelne Werkzeug in Unterhaltung und Druckluftverbrauch so unwirtschaftlich wird, daß die Auswechselung gegen ein neues vorgenommen werden muß. An Hand der Betriebsvorschrift, die jedem Gerät mitgegeben wird, können die dem natürlichen Verschleiß unterworfenen Teile überwacht und evtl. ausgewechselt werden. In regelmäßigen Zeitabständen soll man die Preßluftwerkzeuge zur gründlichen Reinigung auseinandernehmen. Wenn irgend möglich sind neue Hämmer täglich, eingelaufene alle drei Tage, und Rundlauf- und Kolbenmaschinen wöchentlich einmal auseinanderzunehmen. Nachdem sämtliche Teile in Petroleum gründlich gereinigt sind, werden sie vor dem Zusammenbau mit gutem, nichtharzendem Fett eingeschmiert. Das einwandfreie Arbeiten und die Lebensdauer der Werkzeuge ist abhängig von einer ausgiebigen und sachgemäßen Schmierung. Nach jedem 3···4stündigen Betrieb soll die Kurbelwelle einer Kolbenmaschine z. B. mit säurefreiem Fett gefüllt wer-

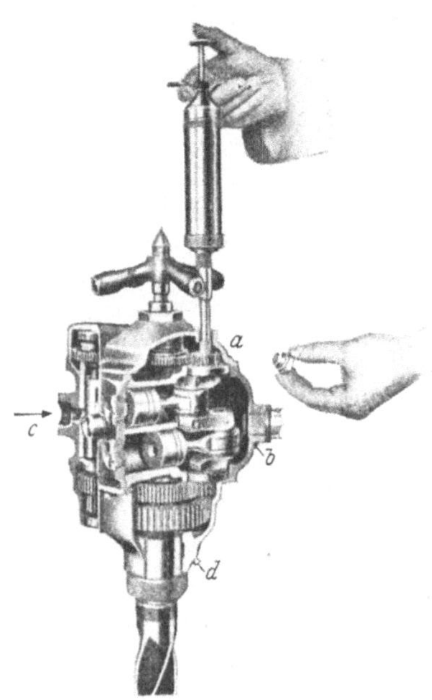

Abb. 115. Schmierung einer Kolbenmaschine (FMA.).
a = Kurbelwellenlager; *b* = Kolbenbahnen; *c* = Luftanschluß, dünnflüssiges Öl eingießen für Steuerschieber, Regler usw.; *d* = Bohrspindellager und Vorgelege.

den. Vorteilhaft ist dabei die Verwendung eines besonderen Schmierapparates (Abb. 115). Einigen Maschinen ist ein selbsttätiger Öler vorgeschaltet, aus dem der Luftstrom bei Betrieb Ölteilchen mitreißt. Dieser Öler ist mehrmals täglich mit leichtflüssigem Sonderöl zu füllen. Andernfalls darf ein öfteres und reichliches Schmieren durch Eingießen des Öles in den Schlauchanschluß nicht unterlassen werden.

Ebenfalls in regelmäßigen Abständen — je nach Art und Beanspruchung alle 2···3 Monate — sind die Werkzeuge auf Leistung, Luftverbrauch usw. zu prüfen. Sind die Ergebnisse etwa 15% geringer als die gewährleisteten Werte, so müssen die Werkzeuge gründlich instand gesetzt werden.

44. Luftverbrauchs- und Leistungsprüfung. Auf die verschiedenen Meßverfahren soll hier nur sehr kurz eingegangen werden.

Der Luftverbrauch läßt sich mit Hilfe von zwei stehenden, durch Rohrleitung verbundenen Kesseln von bekanntem Inhalt messen (Abb. 116). Bei Beginn des Messens ist der eine Kessel mit Wasser, der andere mit Druckluft gefüllt. Die aus der Leitung entnommene Preßluft drückt das Wasser aus Kessel *1* in Kessel *2* und bewirkt dort das Ausströmen der Preß- luft zum Betrieb des zu untersuchenden Werkzeuges. Man läßt nun dieses einige Zeit arbeiten, und kann am Wasserstand die verbrauchte Luftmenge ablesen. Daraus ist dann der Luftverbrauch je Zeiteinheit leicht zu ermitteln. Diese Meßeinrichtung gibt die zuverlässigsten Ergebnisse. Einfacher in der Ab- lesung sind die handelsüblichen Volumenmesser, z. B. mit Flügelrad und Zählwerk. Man muß aber hier mit größeren Meßungenauigkeiten rechnen, außer- dem eignen sie sich zumeist nur für geringe Luft- mengen.

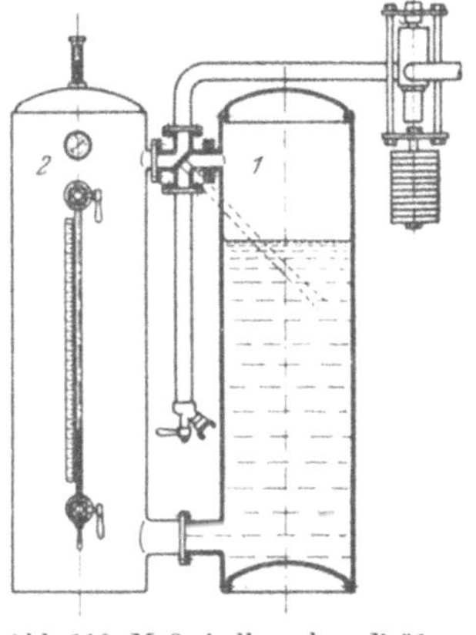

Abb. 116. Meßwindkessel zur Prüfung von Preßluftwerkzeugen (FMA.).

Für die Beurteilung einer Maschine genügt es aber keinesfalls, nur den Luftverbrauch zu messen, sondern es muß gleichzeitig auch die Leistung ermittelt werden, was je nach der Arbeitsweise des Preßluftwerkzeuges auf verschiedene Weise möglich ist. Die Leistung von Schlagwerkzeugen wird mit Hilfe von Schlagkraft-Prüfeinrichtungen gemessen, die ein genaues Diagramm des Arbeitsvorganges aufzeichnen. Einfacher und für den praktischen Betrieb zumeist ausreichend ist die Stauchung von Metallzylindern von bestimmten Abmessungen und Härteeigenschaften.

Die Leistung der Preßluftwerkzeuge mit Drehbewegung wird mit Hilfe des bekannten PRONYschen Zaumes bestimmt.

Über die Wirtschaftlichkeit der Preßluftwerkzeuge gegenüber dem Arbeiten von Hand und besonders im Vergleich mit anderen maschinellen Handwerkzeugen ist schon viel geschrieben und auch gestritten worden. Es sollen hier nur einige Richtlinien für die Beurteilung der einen oder anderen Antriebsart angegeben werden. Besonders auch deshalb, weil diese Beurteilung für die verschiedenartigen Betriebe auch verschieden durchgeführt werden muß und sehr häufig auch Gründe für die Wahl einer bestimmten Anlage mitsprechen, die man rechnerisch nicht erfassen kann. Für die Wirtschaftlichkeit gegenüber dem Handbetrieb, aber auch für die Größenbestimmung einer Preßluftanlage können die nachstehenden durch- schnittlichen Leistungsangaben einen ungefähren Maßstab geben:

Eine Nietkolonne von drei Mann (Nietwärmer, Nieter und Gegenhalter) leistet mit einem Preßluftniethammer etwa doppelt so viel wie 4···5 Mann im Hand- betrieb.

Beim Meißeln, Verstemmen und Stampfen wird mit einem Druckluftwerkzeug etwa eine fünffache Leistung erreicht.

Aufbrucharbeiten in Beton, Asphalt usw. ergeben 10···20fache Leistung gegen- über der Handarbeit.

Preßluftbohrmaschinen leisten etwa 20···30mal mehr als Bohrknarren. **Beim**

Farbspritzen kann nicht nur erheblich an Arbeitszeit, sondern auch an Farbe gespart werden.

C. Die wichtigsten Vor- und Nachteile der Elektro- und Preßluftwerkzeuge.

45. Vergleichsgrundlagen. Nicht nur die Leistung, sondern auch die Güte der Arbeit wird durch Verwendung der maschinellen Handwerkzeuge gesteigert. Die Entwicklung der letzten Jahre in ihrer Herstellung lehrt, daß sowohl die Elektro-, als auch die Preßluftwerkzeuge ihre besonderen Arbeitsgebiete haben. Beim Wirtschaftlichkeitsvergleich beider Werkzeugarten werden im allgemeinen Bohrmaschinen gegenübergestellt, weil die Arbeitsleistungen anderer Werkzeuge schwerer zu erfassen sind. Da bei den verschiedenen Werkzeugarten das Gewicht zur Leistung in einem bestimmten Verhältnis steht, muß außer der abgegebenen Energie und gleichem Bohrdurchmesser auch ungefähr gleiches Gewicht für den Vergleich Voraussetzung sein. Für die Untersuchung kommt es praktisch nicht auf die notwendige Antriebsenergie, sondern nur darauf an, was die Maschine in einer bestimmten Zeit leistet. Die Wirtschaftlichkeitsberechnung wird am besten durchgeführt nach der von PELTZ aufgestellten Formel:

Kosten = Zeit mal [reine Betriebskosten + (Lohn + Unkosten)]. Dabei sind aber die Instandhaltungskosten der einzelnen Maschinenarten nicht mit berücksichtigt, da hierfür bisher keine zahlenmäßigen Erfahrungswerte vorliegen. Man kann aber einen Prozentsatz Reservemaschinen als Ausgleich in die Rechnung mit einbeziehen. Dabei wird die Zahl dieser Reservemaschinen bei Universalelektrowerkzeugen und bei Preßluftkolbenmaschinen größer sein müssen als bei Hochfrequenz- und Preßluftrundlaufwerkzeugen.

46. Elektrowerkzeuge. Anschlußmöglichkeit ist fast überall vorhanden; in kleineren Werkstätten lohnt sich auch schon die Anschaffung weniger oder gar eines Gerätes.

Schnellfrequenzwerkzeuge erfordern zwar eine besondere Kraftquelle und eigenes Leitungsnetz, sind aber gegenüber den Universalelektrowerkzeugen leichter im Gewicht, haben keinen Kollektor und keine Läuferwicklung.

Elektrowerkzeuge sind auf Rechts- und Linkslauf umschaltbar.

Durch Überlastung wird der elektrische Teil leicht zerstört, daher sind Schutzschalter und stete Überwachung der Geräte durch geschulte Fachkräfte erforderlich.

Bei schlechter Wartung von Werkzeug und Zuleitung (Erdungsstecker) besteht große Gefahr durch den elektrischen Strom, sofern nicht die Gefahrenspannung auf 42 Volt herabgesetzt ist (vgl. Abschn. 23).

47. Preßluftwerkzeuge. Die Werkzeuge können dauernd mit ihrer Höchstleistung beansprucht werden, es besteht keine Gefahr der Überlastung, da der Luftstrom beim gewaltsamen Festbremsen der Maschine stehenbleibt. Das Preßluftwerkzeug kann durch allmähliche Luftzufuhr sanft angelassen werden; Drehzahlenreglung durch Drosselung der Luftzufuhr.

Beim Arbeiten des Gerätes tritt keine Funkenbildung auf, daher gefahrlos anwendbar in Räumen, in denen Gas vorhanden.

Preßluftwerkzeuge mit Rundlaufmotor erfordern sehr geringe Wartung, sind ohne große Sachkenntnis zu reinigen und zusammenzubauen; geringer Instandhaltungsausfall.

Kolbenmaschinen erfordern sorgfältige Wartung durch geschulte Fachkräfte; größerer Instandhaltungsausfall.

Preßluftwerkzeuge erfordern eine besondere Kraftquelle (Kompressor mit Rohrleitungsnetz).

III. Mechanisch angetriebene maschinelle Handwerkzeuge.

48. Die biegsamen Wellen (Abb. 117) bestehen aus Seele, Schutzschlauch, Anschlußstück und Handstück zur Aufnahme des Einsatzwerkzeuges.

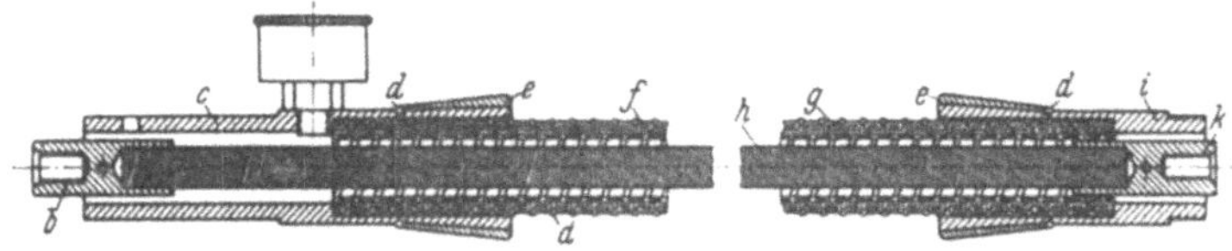

Abb. 117. Biegsame Welle und Kupplungen im Schnitt.

a = Äußere Schutzspirale; b = Wellenkupplung Motorseite; c = Schutzschlauchkupplung Motorseite; d = Sprengring; e = Spannkegel; f = innere Schutzspirale; g = Stahlschlauch; h = Wellenseele; i = Schutzschlauchkupplung Werkzeugseite; k = Wellenkupplung Werkzeugseite.

Bei der Herstellung der Wellenseele werden von den einzelnen Herstellfirmen eigene Erfahrungswerte zugrunde gelegt, die zum Teil als Fabrikgeheimnis gehütet werden. Ausschlaggebend für diese Werte ist vor allem die verwendete Drahtgüte, die Anzahl der einzelnen Drähte und die Art der Wickelei durch geeignete Fachkräfte. Die Übertragungsfähigkeit der biegsamen Wellen hängt ab von der Drehzahl, dem Durchmesser der Wellenseele, sowie der Lagenzahl und dem Durchmesser der einzelnen Drähte. Allgemein gilt, daß Wellen aus dünneren Drähten schmiegsamer, d. h. unempfindlicher gegen Biegung sind. Die Übertragungsfähigkeit ist aber geringer als bei Wellen aus stärkeren Drähten bei gleichem äußeren Durchmesser der Wellenseele. Den Aufbau von Wellen und Schutzschlauch veranschaulicht die Abb. 118. Bei der Auswahl der biegsamen Wellen

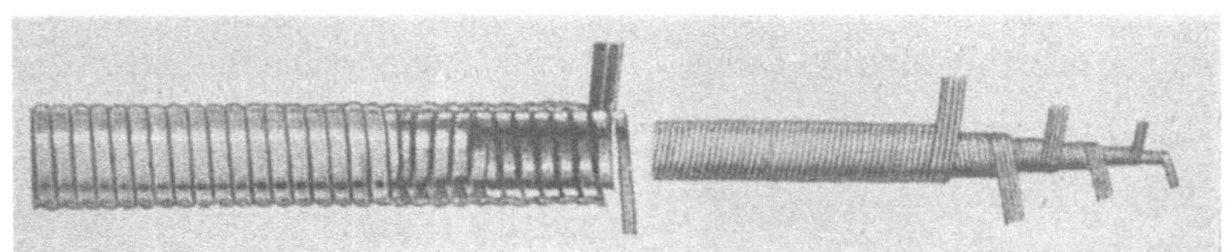

Abb. 118. Aufbau von Schutzschlauch und Wellenseele.

für bestimmte Arbeitszwecke ist anzugeben, für welche Leistung, Drehzahl je Minute und in welcher Drehrichtung die Welle verwendet werden soll. Im allgemeinen sind die Wellen nur für einen Drehsinn verwendbar, doch werden auch Wicklungsarten für beide Drehrichtungen hergestellt. Die übertragbare Leistung ist dann entsprechend geringer. Ob eine Welle für Rechts- oder Linkslauf verwendet werden darf, bestimmt sich nach der äußersten Drahtlage, die unter Belastung das Bestreben haben muß, sich zusammenzuziehen.

Der Schutzschlauch ist innen mit einer starken Flachdrahtspirale ausgerüstet. Eine besondere Dichtung verhindert das Heraustreten des Schmiermittels. An den Kupplungsstücken, sowohl an Motor- als auch an Werkzeugseite, sind die biegsamen Wellen besonders scharfen Biegungen ausgesetzt. Es ist zweckmäßig, an diesen Stellen Schutzspiralen vorzusehen, die eine allzu starke Biegung verhindern.

Die Kupplungen, die genau laufend gerichtet sein müssen, werden nach dem Wickeln der Wellenseele mit den Wellenenden säurefrei und rostsicher verlötet. Auch der Schutzschlauch muß an Motor- und Werkstückseite mit Kupplungen versehen werden. Schutzschläuche von größerem Durchmesser (etwa 20 mm oder mehr) werden zum bequemen Auswechseln nicht mit aufgelöteten, sondern mit Klemmkupplungen versehen. Die Abb. 119 zeigt den Anschluß einer biegsamen Welle an einen Elektromotor.

49. Die günstigsten Drehzahlen liegen etwa zwischen 2000 und 3000 U/min, es werden aber für Sonderzwecke auch Wellen hergestellt, die 30000 oder mehr U/min völlig betriebssicher übertragen können. Werden an der Arbeitsspindel sehr niedrige Drehzahlen benötigt, so ist es immer anzuraten, die Wellen mit höherer Drehzahl laufen zu lassen und diese Drehzahl an der Arbeitsseite dann durch ein geeignetes Getriebe zu verringern.

Für normale Arbeitswellen ist in Abb. 120 ein Leistungsdiagramm aufgestellt.

50. Das Handstück dient zur Aufnahme der Einsatzwerkzeuge. Mit Spannzange, Dreibackenfutter oder Morsekegel ausgerüstet, werden die verschiedenartigsten Ausführungsformen für allgemeine oder besondere Arbeitszwecke gebaut. In den

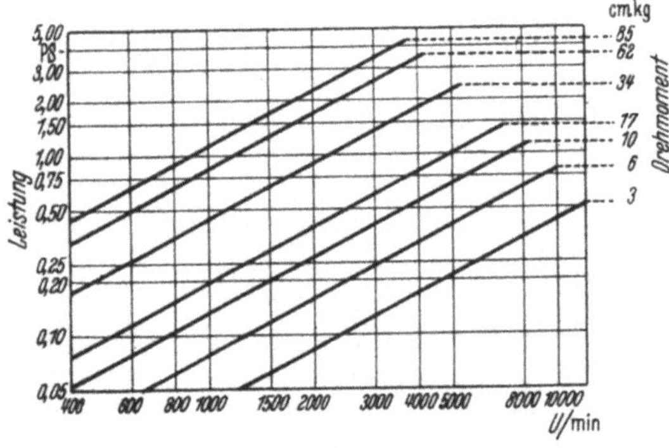

Abb. 119. Anschluß einer biegsamen Welle an einen Elektromotor.
a = Motorwelle (Wellenstumpf mit Gewindezapfen); *b* = Wellenseele; *c* = Wellenkupplung; *d* = Schutzschlauchkupplung.

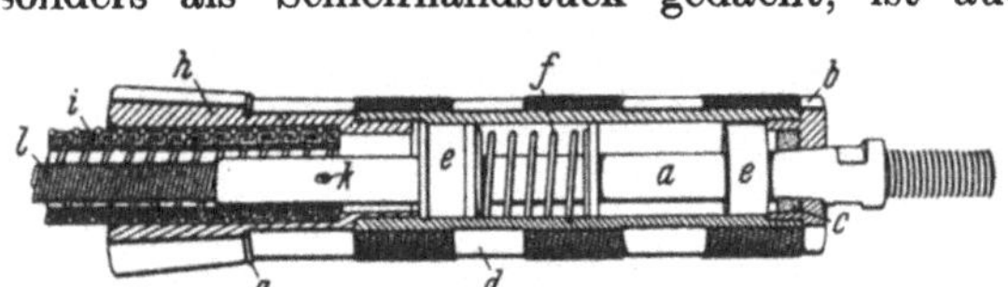

·Abb. 120. Leistungsdiagramm für biegsame Wellen.

Abb. 121 u. 122 sind zwei Handstücke im Schnitt dargestellt. Abb. 121, besonders als Schleifhandstück gedacht, ist auch beim Schleifen mit fliegender Scheibe völlig betriebssicher, da der kegelige Werkzeugträger fest mit der Schleifspindel verbunden ist. Die verschiedene Ausdehnungsfähigkeit von Griffhülse und Innenspindel und die damit verbundenen schädlichen Spannungen werden hier durch ein sog. schwimmendes Kugellager ausgeglichen.

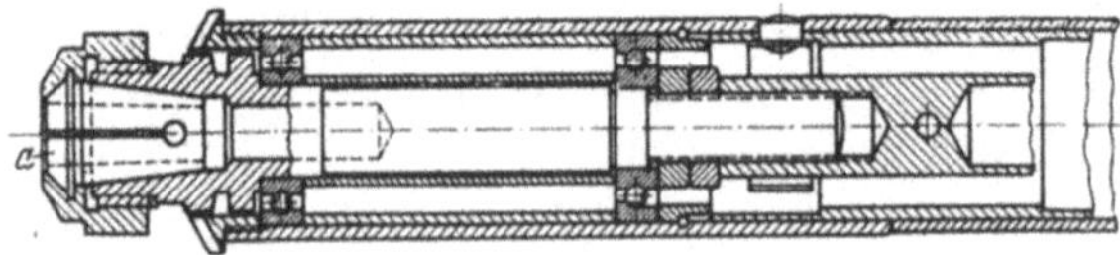

Abb. 121. Handstück im Schnitt (Radex, Bader & Halbig, Halle).
a = Spindel; *b* = Verschlußmutter; *c* = Staubdichtung; *d* = Außenhülse; *e* = Kugellager; *f* = Ausgleichfeder; *g* = Sprengring; *h* = Schutzschlauchkupplung; *i* = Schutzschlauch; *k* = Wellenseelenkupplung; *l* = biegsame Wellenseele.

Die zweite Ausführungsart (Abb. 122) trägt in der Handstückachse eine Spannzange für Morsekegel. Befestigung und Sicherung des Einsatzwerkzeuges ist auch bei stärkster Beanspruchung einwandfrei.

Abb. 122. Handstück (A. Schneider AG., Berlin).
Durch Auswechslung der Spannpatrone *a* lassen sich Werkzeuge mit kegeligem und zylindrischem Schaft gleich gut spannen.

Einsatzwerkzeuge können in derselben reichhaltigen Auswahl wie bei den Elektrohandwerkzeugen verwendet werden (Abb. 20).

51. Der Antrieb der biegsamen Wellen und damit der Einsatzwerkzeuge in den Handstücken erfolgt in den weitaus meisten Fällen durch einen Elektromotor. Abb. 123 stellt verschiedene Anordnungen von Motoren mit biegsamer Welle

schematisch dar. Aber auch Antriebsböcke für Riementrieb mit Fest- und Los-
scheibe oder der Antrieb durch Werkzeugmaschinen wird für die biegsamen Wellen
verwendet.

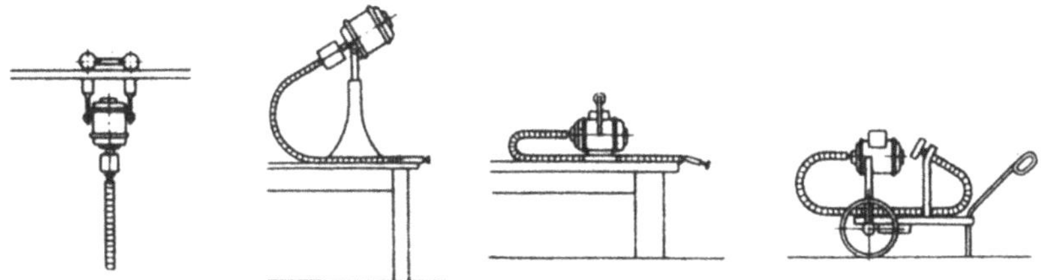

Abb. 123. Schematische Darstellung verschiedener Ausführungen von Elektromotoren mit biegsamer Welle.

52. Die Pflege und Wartung der Wellen ist ausschlaggebend für ihre Lebensdauer. Es ist eine feststehende Tatsache, daß weitaus der größte Teil der Wellen
nicht durch natürlichen Verschleiß, sondern durch mangelnde Pflege und besonders
durch falsche Handhabung zerstört wird. Die Bezeichnung „biegsame Welle" läßt zu

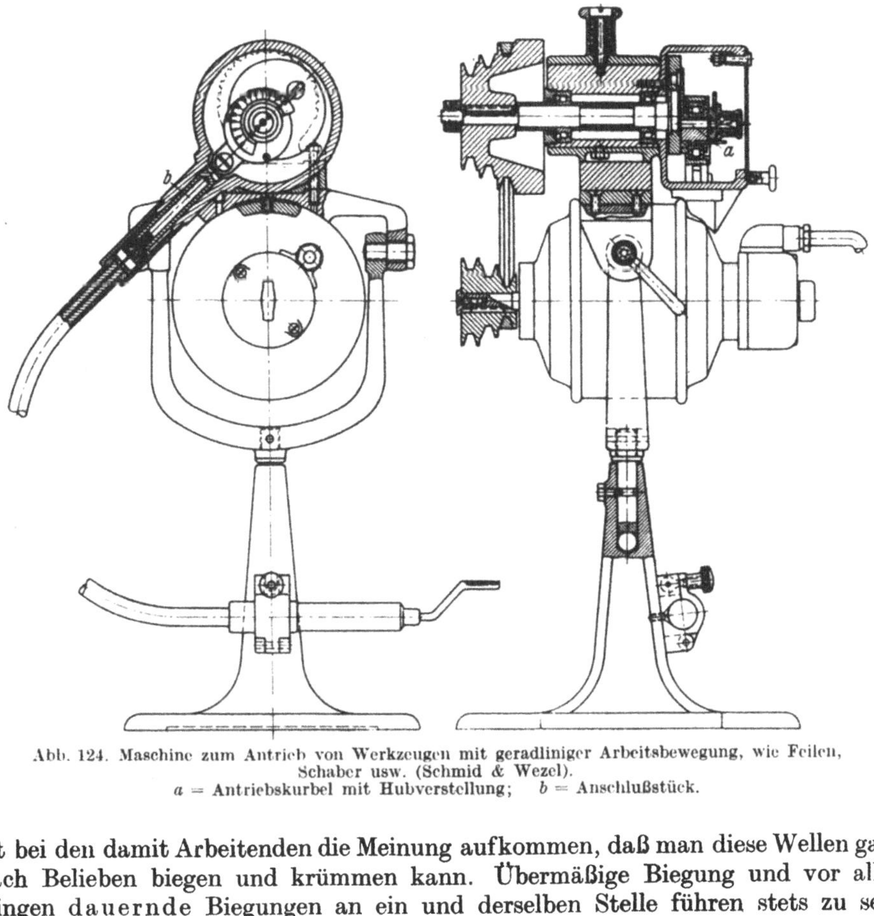

Abb. 124. Maschine zum Antrieb von Werkzeugen mit geradliniger Arbeitsbewegung, wie Feilen,
Schaber usw. (Schmid & Wezel).
a = Antriebskurbel mit Hubverstellung;   b = Anschlußstück.

oft bei den damit Arbeitenden die Meinung aufkommen, daß man diese Wellen ganz
nach Belieben biegen und krümmen kann. Übermäßige Biegung und vor allen
Dingen dauernde Biegungen an ein und derselben Stelle führen stets zu sehr
schneller Zerstörung. Auch der Leistungsverlust wächst sehr stark bei übermäßiger
Krümmung der Welle. Je nach der Ausführung des Schutzschlauches sind im

Betrieb Krümmungshalbmesser unter etwa 20 mal Schlauchdurchmesser kaum zulässig. Bei Stillstand (z. B. beim Verpacken) darf die Welle wesentlich stärker gekrümmt werden, etwa bis 6 oder 7 mal Durchmesser. Ausschlaggebend für die zulässige Biegung ist auch der Drahtdurchmesser; die aus stärkeren Drähten gearbeiteten Wellen sind weniger biegsam. Auch die regelmäßige Säuberung und Schmierung der Wellen ist von großem Einfluß auf die Lebensdauer. Nach etwa 40···50 Betriebsstunden, d. h. bei Dauerbetrieb also wöchentlich ist die Welle auseinanderzunehmen, zu reinigen und neu einzufetten.

53. Werkzeuge mit hin- und hergehender Arbeitsbewegung. Eine Maschine für geradlinig arbeitende Werkzeuge ist in Abb. 124 dargestellt. Das maschinelle Handwerkzeug arbeitet hier über einen von dem Antriebsmotor bewegten Kabelzug. Zum Feilen, Sägen, Schleifen, Schaben u. a. m. kann dieses Werkzeug wirtschaftlich verwendet werden. Die Drehbewegung des Antriebes wird über Kurbel a und Anschlußstück auf den Kabelzug übertragen. Über ein Handstück wird dann das Einsatzwerkzeug bewegt. Der Kabelzug ist von einem Schutzschlauch umgeben und wird wie eine biegsame Welle gehandhabt. Überall da, wo auf verhältnismäßig kleinem Weg, sei es infolge Raumbeschränkung oder infolge schwerer Zugänglichkeit, geradlinig gearbeitet werden muß, können diese maschinellen Handwerkzeuge vorteilhaft eingesetzt werden.

54. Die Anwendungsmöglichkeiten dieser mechanisch angetriebenen maschinellen Handwerkzeuge sind so vielseitig, daß sie unmöglich erschöpfend behandelt werden können. Fast alle bei den Elektrowerkzeugen gezeigten Anwendungen gelten auch hier, außerdem besteht der Vorteil, daß Kraftquelle und Werkzeug selbst getrennt sind. Die Handhabung ist dadurch leichter und auch sicherer; für kleine Leistungen wird ein äußerst feinfühliges Arbeiten ermöglicht. An besonders schwer zugänglichen Stellen wird oft das Kraftwerkzeug mit biegsamer Welle oder Kabelzug allen anderen maschinellen Handwerkzeugen vorzuziehen sein.

Einteilung der bisher erschienenen Hefte nach Fachgebieten (Fortsetzung)

II. Spangebende Formung (Fortsetzung)

Heft

Außenräumen. Von A. Schatz 80
Das Schleifen und Polieren der Metalle. 4. Aufl. Von O. Werkmeister 5
Spitzenloses Schleifen. Von W. Hofmann 97
Werkzeugschleifen. Von A. Rottler 94
Feilen. Von B. Buxbaum 46
Das Sägen der Metalle. Von H. Hollaender 40
Die Fräser. 4. Aufl. Von E. Brödner 22
Das Fräsen. 2. Aufl. Von Dipl.-Ing. H. H. Klein 88
Die wirtschaftliche Verwendung von Einspindelautomaten. 2. Aufl. Von H. H. Finkeln-
    burg 81
Die wirtschaftliche Verwendung von Mehrspindelautomaten. 2. Aufl. Von H. H. Finkeln-
    burg 71
Werkzeugeinrichtungen auf Einspindelautomaten. Von F. Petzoldt 83
Werkzeugeinrichtungen auf Mehrspindelautomaten. Von F. Petzoldt. (Im Druck) 95
Maschinen und Werkzeuge für die spangebende Holzbearbeitung. 2. Aufl. Von H. Wich-
    mann (Im Druck) 78

III. Spanlose Formung

Freiformschmiede I (Grundlagen, Werkstoff der Schmiede, Technologie des Schmiedens).
    3. Aufl. Von F. W. Duesing und A. Stodt 11
Freiformschmiede II. Konstruktion und Ausführung von Schmiedestücken (Schmiede-
    beispiele). 3. Aufl. Von A. Stodt (Im Druck) 12
Freiformschmiede III (Einrichtung und Werkzeuge der Schmiede). Von A. Stodt 56
Gesenkschmieden von Stahl I (Gestaltung von Schmiedestücken und Schmiedewerk-
    zeugen). 3. Aufl. Von H. Kaessberg 31
Gesenkschmieden von Stahl II (Herstellung und Behandlung der Werkzeuge). 2. Aufl.
    Von H. Kaessberg (Im Druck) 58
Das Pressen und Gesenkschmieden der Nichteisenmetalle. 2. Aufl. Von Czempiel und
    C. Haase. (Im Druck) 41
Die Herstellung roher Schrauben I (Austauschen der Köpfe). Von J. Berger 39
Stanztechnik I (Schnittechnik). 2. Aufl. Von E. Krabbe 44
Stanztechnik II (Die Bauteile des Schnittes). 2. Aufl. Von E. Krabbe 57
Stanztechnik III (Grundsäzte für den Aufbau von Schnittwerkzeugen). Von E. Krabbe 59
Stanztechnik IV (Formstanzen). 2. Aufl. Von W. Sellin 60
Die Ziehtechnik in der Blechbearbeitung. 3. Aufl. Von W. Sellin 25
Hydraulische Preßanlagen für die Kunstharzverarbeitung. 2. Aufl. Von H. Lindner (Im Druck) 82

IV. Schweißen, Löten, Gießerei

Die neueren Schweißverfahren. 7. Aufl. Von P. Schimpke 13
Das Lichtbogenschweißen. 4. Aufl. Von E. Klosse (Im Druck) 43
Praktische Regeln für den Elektroschweißer. 3. Aufl. Von R. Hesse 74
Widerstandsschweißen. 2. Aufl. Von W. Fahrenbach 73
Das Schweißen der Leichtmetalle. 2. Aufl. Von Th. Ricken 85
Das Löten. 3. Aufl. Von W. Burstyn 28
Das ABC für den Modellbau. 2. Aufl. Von E. Kadlec (Im Druck).................... 72
Der Holzmodellbau I (Allgemeines, einfachere Modelle). 3. Aufl. Von R. Löwer (Im Druck) 14
Der Holzmodellbau II (Beispiele von Modellen und Schablonen zum Formen). 3. Aufl.
    Von R. Löwer (Im Druck) 17
Modell- und Modellplattenherstellung für die Maschinenformerei. Von Fr. und Fe.
    Brobeck 37
Der Gießerei-Schachtofen im Aufbau und Betrieb. 4. Aufl. von „Kupolofen-Betrieb".
    Von Joh. Mehrtens (Im Druck) 10
Handformerei. 2. Aufl. Von F. Naumann (Im Druck)............................... 70
Maschinenformerei. Von U. Lohse †. 2. Aufl. von H. Allendorf 66
Formsandaufbereitung und Gußputzerei. Von U. Lohse 68

(Fortsetzung 4. Umschlagseite.)